「macOS」の最新版

「macOS Ventura」使いこなしガイド

はじめに

　2022年10月末に発表されたmacの新OS、「macOS Ventura」。
「ステージマネージャ」「連係カメラ」「Spotlight」などの新機能を引っ提げての登場に、世界中が注目しました。

　しかし、一部の外部機器からの「データ読み込み」ができなかったり、もともとインストールされているアプリの挙動がおかしくなるなど、いくつかの不具合を抱えているのもまた事実です。

*

　そこで本書では、「新機能の使い方」や「不具合の対策」についてユーザーが気になる部分をネット上のブログの記事から抜き出して解説。

　また、《「macOS Ventura」に対応していないmacPCに「macOS Ventura」をインストールする方法》や《日本語入力しやすくする設定法》など、Macの裏技も紹介します。

*

　どの記事も実際に「macOS Ventura」を体験したユーザーの実感に基づいたものであり、「macOS Ventura」を導入したユーザーやこれから導入しようと考えているユーザーにとって、大いに参考になるでしょう。

I/O編集部

「macOS」の最新版

「macOS Ventura」使いこなしガイド

CONTENTS

第1章

ステージマネージャ

「macOS Ventura」で利用できる、「ステージマネージャ」の使い方を紹介します。
　画面上で起動しているウインドウを左側にまとめ、ワンクリックで切り替えながらシームレスな作業ができます。

筆　者	●Apple Predator
記事URL	●https://poraggio.com/2022/10/25/stagemanager-usage/
記事名	●【macOS Ventura】ステージマネージャの設定・操作・解除まとめ｜複数のウインドウをシームレスに切り替えよう

1-1　　「ステージマネージャ」の設定と起動

　「ステージマネージャ」は、「コントロールセンター」「メニューバー」「システム設定」から起動できます。

■「コントロールセンター」からの起動

> 手　順　「コントロールセンター」からの起動

[1] メニューバー → [コントロールセンター] をクリック

[2] [ステージマネージャ] をクリック

「コントロールセンター」に表示された [ステージマネージャ]

[3] [ステージマネージャをオンにする] をクリック

「ステージマネージャ」を起動する画面

*

「macOS Ventura」にアップデートすると、自動的に「ステージマネージャ」の項目が「コントロールセンター」に追加されます。

[3] は、OSのアップデート後に初めて「ステージマネージャ」を起動するときに表示されるので、2回目以降はパスしてOKです。

■「メニューバー」からの起動

手　順　「メニューバー」から起動する

[1] [システム設定] をクリック

[2] [コントロールセンター] をクリック

[3] [ステージマネージャ] → [メニューバーに表示] を選択する

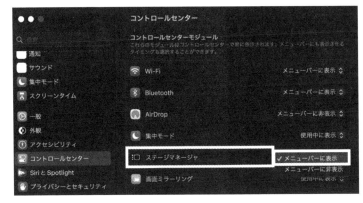

メニューバーに「ステージマネージャ」を表示する画面

[4] [メニューバー] → 「ステージマネージャのアイコン」をクリック

「ステージマネージャのアイコン」から有効にした画面

[5] 「ステージマネージャ」をオンにする

*

　「メニューバー」に「ステージマネージャ」のアイコンが表示され、どの画面からも起動が可能です。

　「ステージマネージャ設定」をクリックすると、表示のカスタマイズ画面（後述の「**ステージマネージャの表示を変更する**」を参照）に移動できます。

■「システム設定」からの起動

手　順　「システム設定」からの起動

[1]「システム設定」をクリック

[2][デスクトップと Dock] をクリック

[3]「ステージマネージャ」をオンにする

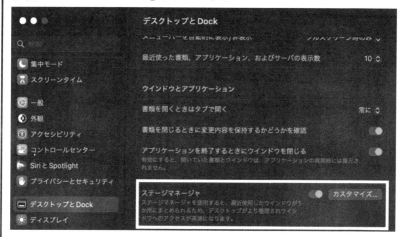

[デスクトップと Dock]から「ステージマネージャ」を有効にする画面

＊

　「ステージマネージャ」を起動すると、使用中のウインドウが「メインステージ」に表示され、「バックグラウンド」で開いているウインドウは左側へ移動します。

　デスクトップ全体で「ステージマネージャ」が有効になり (Split View、およびフルスクリーンでは利用不可)、それぞれの画面で操作が可能です。

●「ステージマネージャ」の表示を変更する

　「ステージマネージャ」の右側にある「カスタマイズ」から、表示法をカスタマイズできます。

最近使ったアプリケーション……オンにすると、画面左側に「バックグラウンド」のウインドウが常時表示 (「メインステージ」のウインドウを左側へドラッグした場合は自動的に非表示)。

オフにすると非表示になり、画面左側に「ポインター」をあわせると、表示可能。

デスクトップ項目……ファイルやフォルダなどアイコンをデスクトップに表示。

アプリケーションウインドウの表示方法

・[ウインドウを一度にすべて表示]の場合……グループ化したウインドウをクリックしたときに「メインステージ」にすべて表示。
・[ウインドウを1つずつ表示]の場合……グループ化したウインドウをクリックしたときにウインドウを重ねて1つずつ表示

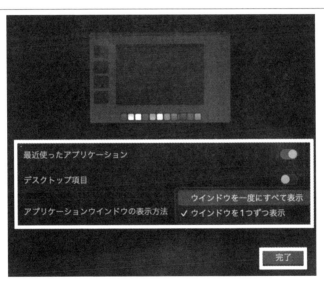

「ステージマネージャ」の表示をカスタマイズする画面

[最近使ったアプリケーション]と[デスクトップ項目]をオフにすると、デスクトップを広く使ったり、アプリに集中しやすくなります。

設定後は、それぞれ「完了」をクリックして閉じます。

1-2 「ステージマネージャ」の操作法

「ステージマネージャ」の主な操作を、「ウインドウの切り替え」「移動」「デスクトップの表示」でまとめました。

■ウインドウを切り替える

左側にラインナップされたアプリやグループウインドウをクリックすると、「メインステージ」のウインドウと切り替わります。

「Dock」から左側のアプリを起動しても、同じように機能します。

左側のアプリをクリックする画面

グループの場合、異なるアプリのウインドウとすべて切り替わりますが、同じアプリの場合は、いちばん上のウインドウのみ可能です。

同じアプリ内のウインドウ

　メインステージと同じアプリが左側にある場合は、他のアプリと切り替えても同じアプリの場所にウインドウが戻ります。
　メインステージにドラッグ移動した場合は、他のアプリと一緒に移動。

●同じアプリ内のウインドウを切り替える

　左側の同じアプリ内のウインドウをクリックするごとに、「メインステージ」のウインドウとローテーションしながら切り替わり、最後に起動したものがいちばん上に表示されます。

同じアプリ内のウインドウをローテーション切り替えする画面

アプリのアイコンをクリックすると、格納されているすべてのウインドウが一覧表示され、クリックするとウインドウを直接開くことができます。

アプリのアイコンをクリックしてウインドウを一覧表示した画面

「ステージマネージャ」の画面に戻るときは、画面をクリックしてください。

■ウインドウを移動する

●「メインステージ」へ移動

手　順

[1] 左側のウインドウを「メインステージ」へドラッグ＆ドロップ
　グループになっている場合は、1つずつ「メインステージ」に移動してください。

[2] ウインドウを左にドラッグすると「アプリ」が非表示になり、さらにドラッグを続けるとウインドウの前面にアプリが移動
　この状態からでも、「メインステージ」にウインドウの移動が可能です。

＊

通常通り、ウインドウの四辺にポインターをあてて外側にドラッグすると「拡大」し、内側にドラッグすると「縮小」します。

*
変更したサイズは左側のアプリへ移動後も維持されます。

●左側のアプリへ移動

左側のグループやアプリはDockを下に設定した場合最大5つ配列でき、4つ以下の場合は「メインステージ」から移動したウインドウはいちばん下に追加されます。

同じアプリのウインドウがある場合は、「メインステージ」からウインドウをドラッグすると、自動的にそのアプリに移動が可能です。

「メインステージ」にドラッグ移動した後の場合、切り替えと同様、アプリのアイコンをクリックするとウインドウが個別に表示されます。

グループ化したウインドウは、ドラッグや緑のボタンにポインターをあてて、[ウインドウをセットから削除]をクリックすることで、左側のアプリ内に個別に移動できます(グループ内最後のウインドウは不可)。
1つのグループに最大3つのアプリのアイコンの表示が可能です。

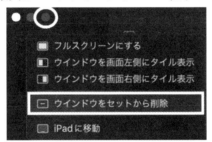

[ウインドウをセットから削除]からウインドウを移動する画面

また、左側にないアプリを「Dock」から起動した場合、メインステージ上のウインドウが自動的に左側に移動します。

■デスクトップのアイコンを表示する

「ステージマネージャ」のカスタマイズで[デスクトップ項目]をオフにしている場合、画面をクリックすると、デスクトップのアイコンが表示されます。
表示されていたウインドウは、左側のアプリ内に戻ります。

「Dock」を左側に配置した場合のアプリのスペースを確保しながら、左寄りに表示されます。
「デスクトップ項目」をオンにしている場合も同様です。

*

常にデスクトップのアイコンを表示するには、システム設定 → [デスクトップと Dock] → [ステージマネージャ] → [カスタマイズ] → [デスクトップ項目]をオン → [完了]をクリックしてください。

■左側のアプリを右側に配置する

「Dock」の位置を変更することで、左側のアプリを右側に移動できます。

手　順	左側のアプリを右側に配置

[1] システム設定 → [デスクトップと Dock] をクリック

[2] [Dock] → [画面上の位置] → [左] を選択

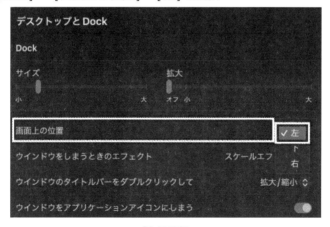

「左」を選択

*

デスクトップ上のアイコンやアプリが常に表示されている場合、アイコンの上部にアプリが表示されます。

アプリと重なって見づらくなるため、必要でない限りどちらかの表示をオフにしておくといいでしょう。

下に配置していた「Dock」ぶんのスペースが増えるため、グループや個別のアプリを最大6個表示できるメリットもあります。

「Dock」を右に配置した場合も同じ数で表示でき、デスクトップのアイコンと重ならずに表示されます。

1-3 　　　　「ステージマネージャ」を解除する

「ステージマネージャ」は以下の方法で解除できます。

有効にした方法と異なってもOKです。

「アイコン」から解除

メニューバー → 「ステージマネージャ」のアイコンをクリック → [ステージマネージャ]をオフにする

「コントロールセンター」から解除

メニューバー → [コントロールセンター] → [ステージマネージャ]をクリック

「システム設定」から解除

システム設定 → [デスクトップとDock] → [ステージマネージャ]をオフ

いずれかをオフにすると、すべて連動して解除されます。

また、解除した後でも、設定したカスタマイズは維持されます。

*

「ステージマネージャ」は、必要なアプリのウインドウを同じ画面内で切り替えられるのがメリットです。

必要に応じてカスタマイズをしながら、「Mac」のデスクトップで快適なマルチタスキング作業をしてください。

第2章
連係カメラ

ここでは「連係カメラ」について解説します。
「iPhone」ユーザーにとっては、「ビデオ会議」な
どでの利便性が向上すること間違いなしの機能です。

2-1　「iPhone」を「WEBカメラ」として使う

　「macOS Ventura」では、新機能（連係カメラ）で、「iOS 16」を搭載した「iPhone
XR」以降の「iPhone」を、「Mac」の「Webカメラ」として利用できるようになっ
ています。

筆　者	●MQG
記事URL	●https://hideshigelog.com/renkeikamera
記事名	●iPhoneをMacのWebカメラ/マイクとして利用することが可能に！

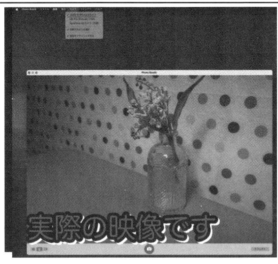

「iPhone」をMacの「Webカメラ」として使用可能

■利用する条件

・「macOS Ventura」が搭載されたMacおよび、「iOS 16」を搭載した「iPhone XR」以降の「iPhone」を使う
・「Mac」と「iPhone」が同じ「Apple ID」で紐付けされている
・「Mac」と「iPhone」が同じネットワーク上にある、または「Lightningケーブル」で有線接続されている
・「iPhone」の「バックカメラ」を利用
・「Webカメラ」として使う場合は、「iPhone」は使えない

　また、「MacBook」などで「Webカメラ」として使う場合、「iPhone」を「MacBook」や「iMac」などの適切な位置に、適切な角度で取り付ける必要があります。

■「Mac」に「iPhone」のカメラを接続する方法

　「FaceTime」や「Photo Booth」などのApple製アプリは、「メニューバー」の[ビデオ]や[カメラ]から、「使用するカメラ」の項目で[UserのiPhoneのカメラ]を選択、「マイク」の項目で[UserのiPhoneのマイク]を選択。

[Userの「iPhone」のカメラ]と[UserのiPhoneのマイク]を選ぶ

「Zoom」や「OBS Studio」でも利用可能です。

■エフェクト機能

[コントロールセンター]から選択可能です。

[コントロールセンター]から[エフェクト]を選ぶ

・センターフレーム
　「超広角レンズ」を搭載したカメラで、被写体を常に「フレーム中央」に映し出す。

・ポートレート
　「被写界深度エフェクト」に対応したカメラで、背景をボカし、被写体を際立たせる。

・スタジオ照明

背景を暗くして、「リングライト」のような効果を出す。

以上の機能が使えます。

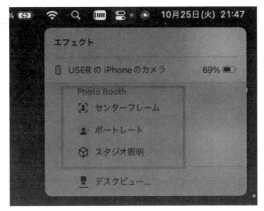

「センターフレーム」「ポートレート」「スタジオ照明」の各機能は、
[エフェクト]から選択

●デスクビュー

接続した「iPhone」が「iPhone 11」以上、かつ「iPhone」に「超広角カメラ」が搭載されている場合には、「超広角カメラ」によって「ユーザーの机の上」を映し出すことが可能です。

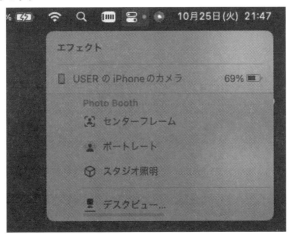

「デスクビュー」も[エフェクト]から選択

以下が、「デスクビュー」を使っている様子です。

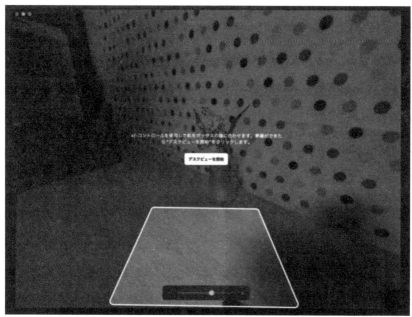

使用例

　「macOS Ventura」では、「iOS 16」を搭載した「iPhone XR」以降の「iPhone」を「MacのWebカメラ」として利用することが可能になっています。

　しかも、「iPhone」の背面のカメラを利用するので、高画質です。
　同じネットワーク上という制約もありますが、「Lightningケーブル」で有線接続でも可能なので、両方使っている方は利用価値大です。

2-2　「OBS Studio」で「連係カメラ」を使う

　私は以前、ブログで「【OBS Studio】「iPhone」をカメラとして使う方法(HDMIスルー出力)」という記事を書きました。

【OBS Studio】「iPhone」をカメラとして使う方法(HDMIスルー出力)
https://hideshigelog.com/obs-studio「iPhone」

　この記事では、「Apple Lightning - Digital AVアダプタ」が必要だったり、「iPhone」用アプリ「FilMic Pro」が必要だったりしました。

　しかし、今回の「macOS Ventura」では、「iOS 16」を搭載した「iPhone XR」以降の「iPhone」を、Macの「Webカメラ」として利用できます(Windowsでは、残念ながら無理ですが)。

筆　者	●MQG
記事URL	●https://hideshigelog.com/「iPhone」kamera
記事名	●【OBS Studio】「iPhone」をカメラとして使う方法その2

■「OBS Studio」で使ってみた

「OBS Studio」の基本的な使い方は、以下の記事を参照してください。

【OBS Studio】インストールから設定、録画まで
https://hideshigelog.com/obs-studio「iPhone」

手　順　「OBS Studio」で「iPhone」を「Webカメラ」として使う

[1]「OBS Studio」の[映像キャプチャデバイス]を選択。

[映像キャプチャデバイス]を選択

[2] [プロパティ]を選ぶと、[USERのiPhoneのカメラ]が選べます。

[USERのiPhoneのカメラ]が選択

＊

「iPhone」の前に花がある配置で撮影してみます。

「iPhone」の前に花を置いて撮影

実際の映像がこちらです。

実際の映像

まったく、遜色はないです。

「OBS Studio」の設定は「フルHD」ですが、「4K」にしても問題ない映像ですね。

*

「マイク」の設定も、[USERのiPhoneのマイク]として設定可能です。

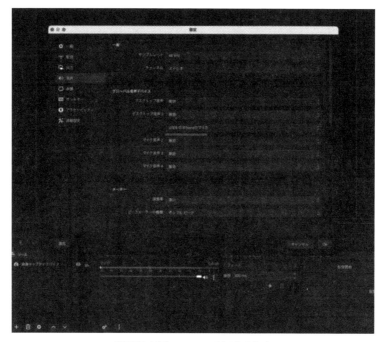

[USERのiPhoneのマイク]から設定

「マイク」のほうは、どちらかと言えば、「外付けマイク」を使ったほうがいい と思います。

■「iPhone」をカメラとして使う方法の利点

「Mac」と「iPhone」が同じネットワーク上にあれば、「iPhone」のカメラの自 由度が高いです(ケーブルにつながっていないので)。

また、「iPhoneのカメラ」の性能がいいので、「内蔵カメラ」よりきれいで鮮 明です。

「エフェクト機能」が使えますし、「デスクビュー」(**前節**参照)も使えます。

＊

「Mac」と「iPhone」で、いろいろと利用範囲が広がって、利便性もアップし ていますね。

これからますます、双方が歩み寄っていくことでしょう。

第**3**章

Spotlight

「macOS Ventura」では、「Spotlight」がアップデートされ、検索結果の「クイックルック（Quick Look）」や「Web画像検索」「画像内テキスト/オブジェクト検索」が可能となっています。

筆　者	● AAPL Ch.運営者
記事URL	● https://applech2.com/archives/macos-13-ventura-spotlight-search-update.html
記事名	● macOS Ventura では Spotlight がアップデートされ、検索結果の Quick Look や Web画像検索、画像内テキスト/オブジェクト検索が可能に。

3-1　　強化された「Spotlight」

　「macOS/OS X」には、2004年にリリースされた「Mac OS X 10.4 Tiger」以降、インデックスを作ることで「Mac」内のファイルやフォルダを高速に検索&抽出してくれる「Spotlight」という機能があります。

　「macOS Ventura」では、この「Spotlight」の検索機能が大きくアップデートされています。

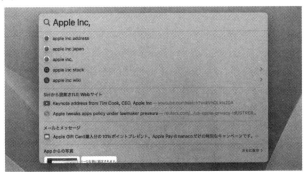

New Spotlight search on macOS Ventura

3-2 クイックルック(Quick Look)

「macOS」のSpotlight機能は、「macOS Monterey」まで、Spotlight検索の
ウィンドウ内に検索結果のリストが表示され、「Siriの提案」や「Wikipediaの
情報」「辞書の内容」も、そのウィンドウ内に表示されていました。

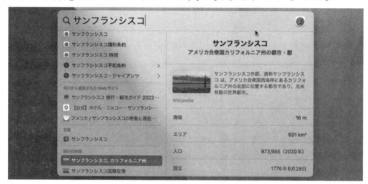

「macOS Monterey」のSpotlight検索

「macOS Ventura」の「Spotlight検索」は、検索結果がリストで表示されると
ころまでは同じですが、「Siriの提案」や「Wikipediaの情報」などはウィンドウ
内ではなく、「詳細ページ」、または[スペースキー]で「クイックルック表示」を
することが可能になりました。

「macOS Ventura」のSpotlight検索

　もちろん、「クイックルック」の表示はWebベースのため、検索結果にブラウザで表示可能ならばクイックルック内で動画を再生したり、PDFドキュメントをチェックすることが可能です。

「macOS Ventura」のSpotlight検索では「クイックルック」が可能に

3-3　Web検索

Appleは2014年にリリースした「OS X 10.10 Yosemite」や「iOS 8」で、「Spotlight」とインターネット検索を融合させました。

現在はSpotlight検索にキーワードを入力すると、「検索クエリ」や「位置情報」がAppleに送信され、関連性の高い情報が表示されます。

「OS X 10.10 Yosemite」の「Spotlight検索」で送られる「クエリ(query)」

「macOS Ventura」では、より「Spotlight」と「インターネット検索」が融合し、「iOS」と同様に、「スポーツ選手」や「ミュージシャン」「テレビ番組」「映画」「ニュース」などの情報が収集され、「Webページ」を開かなくても「Spotlight」のみでの情報収集が可能になっています。

3-4 画像内テキスト/オブジェクト検索

　また、Appleは「WWDC 2019」で機械学習と画像分析のフレームワーク「Core ML/Vision Framework」をアップデートしました。

　「Vision Framework」では、「犬」や「猫」「車」といった「画像内のオブジェクト検出」をサポートし、「iOS 16」では「画像内の日本語テキスト認識」も可能になっています。

画像内の「テキスト」や「オブジェクト」の検索が可能

　「macOS Ventura」の「Spotlight」はこれらの機能を統合し、画像内のテキストやオブジェクト検索が可能になっています。

> ※画像内のオブジェクトやテキスト検索はインデックスが作成されるまで表示されません。

第**4**章

被写体の切り抜き

「macOS Ventura」では、「写真」「Safari」や、「Finder」の「クイックアクション」「クイックルック」で、「画像の被写体の切り抜き」ができます。

切り抜いた被写体をコピーすれば、「ステッカー」のように貼り付けられる楽しさもあり、すべて自動で切り抜けるので、テクニックは不要です。

筆　者	● Apple Predator
記事URL	● https://poraggio.com/2022/10/30/mac-images/
記事名	●【macOS Ventura】画像から被写体を切り抜きする方法｜写真・Safari・Finderでご紹介！

4-1　　「写真」アプリで画像の被写体を切り抜く

「写真」アプリに保存されている、画像内の被写体を切り抜きます。

手　順　「写真」アプリで被写体を切り抜く

[1] 「写真」アプリを起動する

[2] 被写体を切り抜きたい画像をダブルクリックして開く

[3] 画像内を右クリック → [被写体をコピー] をクリック、または [メニューバー] → [編集] → [被写体をコピー] をクリック

被写体が切り抜かれ、「被写体をコピー」が表示された画面

[4] 切り抜いた被写体をペーストする任意のアプリを起動して、[コマンドキー] + [V]、または右クリック → [ペースト] をクリックして、ペーストする

＊

切り抜きの実行中に白丸が右隅下に表示される場合があります。

また、切り抜きにかかる時間は、背景や被写体の写り方によって異なりますが、「右クリック」をして数秒すると、[被写体をコピー]が表示されます。

[被写体をコピー]にポインタを当てると、切り抜かれた被写体の周囲を光のラインが走り、切り抜き可能な部分が確認可能です。

※写真によっては、切り抜きができない場合があります

4-2　「Safari」で画像内の被写体を切り抜く

「Safari」のWebページ内にある画像から、被写体を切り抜いてみます。

手　順　「Safari」で被写体を切り抜く

[1]「Safari」を起動する

[2]被写体を切り取りたい画像があるWebページを表示する

[3]画像を右クリック → [被写体をコピー] をクリック

[被写体をコピー]が表示された画面

[4]切り取った被写体をコピーするアプリを起動し、[コマンドキー] + [V]、
または右クリック → [ペースト]をクリックしてペーストする

右クリックをしたときは、「被写体をコピー」は非表示です。

被写体の切り抜きが完了すると、項目リストのいちばん下に表示されます。

この場合、「猫」が切り抜かれました。

4-3 「クイックアクション」で画像の被写体を切り抜く

「macOS Ventura」では、「Finder」の「クイックアクション」に背景を削除する機能が追加されました。

背景を透過することで、被写体を切り抜く方法です。

手 順 「クイックアクション」で被写体を切り抜く

[1]「Finder」を起動する

[2]背景を削除する画像を右クリック

[3] [クイックアクション] → [背景を削除] をクリック

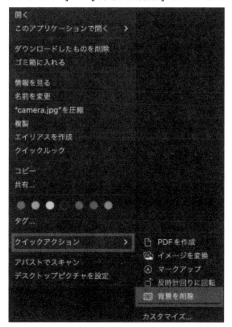

「背景を削除」が表示された画面

[4]背景を透過した画像ファイルを右クリック

[5] [コピー] や [共有] など、必要な項目を選択

＊
　背景を削除した画像ファイルを保存したいときにお勧めです。

　オリジナルの画像は「Finder」内に残り、透過後のファイルの拡張子は「png」になります。

4-4 「クイックルック」で画像の被写体を切り抜く

　「Finder」で利用できる「クイックルック」で、画像の被写体を切り抜きます。

手 順	「クイックルック」で被写体を切り抜く

[1]「Finder」を起動する

[2] 被写体を切り抜く画像を右クリック、または[画像を選択] → [スペースキー] を押す
　（画像を右クリックした場合は[クイックルック]をクリック）

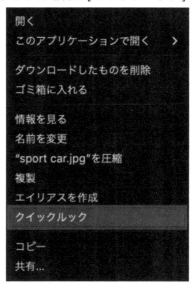

開く
このアプリケーションで開く　　　＞

ダウンロードしたものを削除
ゴミ箱に入れる

情報を見る
名前を変更
"sport car.jpg"を圧縮
複製
エイリアスを作成
クイックルック

コピー
共有...

「クイックルック」を選択する画面

[3]画像を右クリック → [被写体をコピー] をクリック

[被写体をコピー] が表示された画面

[4] 任意のアプリを起動し、[コマンドキー] + [V]、または画面を右クリック → [ペースト] をクリックしてペーストする

＊

右クリックして数秒すると、[被写体をコピー] が表示されます。

そのあとに、「被写体をコピー」にポインタを当てると、切り抜かれた被写体が「光のライン」で囲まれます。

対象物が選択されたか、チェックしましょう。

「Finder」から画像の被写体を切り抜いてコピーをする場合は、直接できる「クイックルック」がお勧めです。

＊

「Mac」では「マークアップ」でも背景の削除ができますが、「macOS Ventura」では自動で切り抜けるメリットがあります。

作業に合わせたり、やりやすい方法で、被写体を切り抜いてみてください。

第5章
フリーボード

フリーボードを「MacbookAir」からちょっとい
じってみました。
　所感としては、「miro」や「Canva」をいじってい
る感じです。

筆　者	●S.Nakayama
記事URL	●https://doit-myself.com/digitals/%E3%83%95%E3%83%AA%E3%83%BC%E3%83%9C%E3%83%BC%E3%83%89%E3%82%92mac%E3%81%A7%E4%BD%BF%E3%81%A3%E3%81%A6%E3%81%BF%E3%81%9F%EF%BD%9C%E3%81%A7%E3%81%8D%E3%82%8B%E3%81%93%E3%81%A8%EF%BC%86%E4%BD%BF/
記事名	●フリーボードをMacで使ってみた｜できること＆使いにくさとNotion埋め込みチャレンジ

5-1　フリーボード全体

何をするにも、初めての人に対して「ようこそ」で始めるMac。
概要が記載されていますが、特に有益な情報はありません。
なにせ直感的に操作できるのが「Mac」です。

はじめまして、フリーボード

■初期画面

次図がデフォルト画面です (右上の「人型アイコン」は初期画面にはありません)。

レイアウトはMac純正の「メモ」や「写真アプリ」などとほぼ同じ。

左サイドバー：ファイル関連メニュー

上部中央アイコン：操作メニュー

右上：共有メニュー

といった配置です。

左サイドバーの上部にある「四角いアイコン」を押せば、サイドバーの開閉ができます。

このあたりの操作感は「Mac」の「メモ」アプリと同じです。

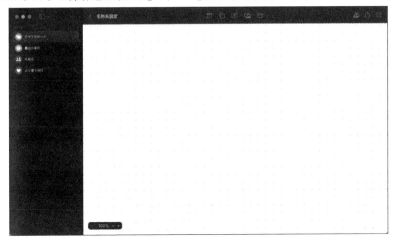

デフォルト画面

■上部のメニューアイコン

　次図は上部中央にある「アイコンメニュー」です。

　それぞれ、

付せんを貼る

図形やペンで描画

画像挿入

ファイル挿入

テキスト挿入

　分かりやすい。あれやこれや考えずに使えるのが「Mac」という感じです。

アイコンメニュー

■右上のメニュー

　右端の「ペンが刺さっている物騒なアイコン」は「新規ボード作成アイコン」です。

　そして左には「共有アイコン」もあります。

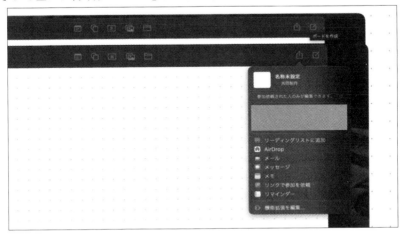

「新規ボード作成アイコン」(右)と「共有アイコン」(左)

　「フリーボード」は「共有」してナンボ。この「共有アイコン」から各種共有が可能です。

　「リンクで参加を依頼」を押すと、次の2つができるようでした。

実際に誰かを誘う
リンクだけ取得

　共有リンクは誰かに共有することが前提で発行されるようですが、実際に共有する必要はありませんでした。

　設定画面内で**共有者を指定(メールアドレスなど)するとリンクが取得できる**ので、私は自分のメールアドレスを入れて取得しました。

5-2 「フリーボード」を使ってみよう！

特に目的はありませんでしたが、いろいろやってみました。

■画像を挿入する

とりあえず、背景透過済のPNG画像を挿入すると、透過したまま表示されます。

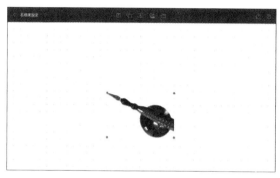

背景透過PNG画像は透過したまま表示される

この画像に対して何ができるのでしょうか。「サブメニュー」を開くと、こんな感じです。

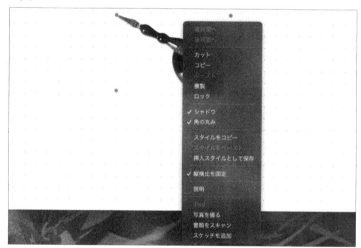

サブメニュー

　「レイヤー」(と呼んでいいのかな)の順序変更が「最前面」と「最背面」しかないのはちょっと使いにくいですね。

　ただ、「前面」「背面」に移動するメニューはあります(後述)。
　「サブメニュー」(右クリック)で移動させるのではなく、「ショートカットキー」で移動させろということかもしれません。

ショートカットキー
前面：Opt＋Sft＋Cmd＋F
背面：Opt＋Sft＋Cmd＋B

＊

　デフォルトでは「シャドウ・角の丸み」にチェックが入っていますが、どちらでもいいでしょう(「透過PNG」だと分かりにくかったので画像を変えました)。

　プレゼン資料を作るときは、シャドウがあったほうが美しいかもしれません。
　シャドウは邪魔にならないし、「透過PNG」には影が付かないので問題なしです。

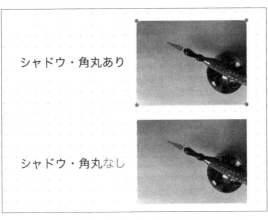

デフォルトでは「シャドウ・角の丸み」に設定されている

■「テキストファイル」を挿入する

　こんどは、「ファイル挿入メニュー」から、「テキストファイル」を入れました。

　このテキストは某座談会の文字起こしをしたもので、けっこうな文字数ですが、「カード形式のプレビュー」しか表示されませんでした。

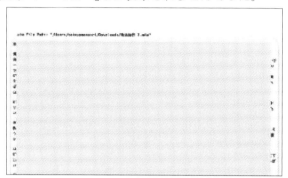

「カード形式のプレビュー」が表示される

　「挿入するファイルによるのかな？」と思っていくつか挿入してみましたが、

テキスト：プレビュー表示

Word：プレビュー表示

Excel：プレビュー表示

PDF：プレビュー表示

となりました。

＊

　この「プレビューカード」をクリックすると、フルスクリーンで「テキストファイル」が開きました。

　フルスクリーンでテキストを開かれてもと思いましたが、「パワーポイント」のファイルを貼り付けておけば、クリック一つでフルスクリーンのプレゼンが開始できる、ということなのでしょう。

＊

　カードを選択すると、2つのメニューアイコンが表示されます。

フォルダ型アイコン：ファイルの置き換え

目のアイコン：フルスクリーンのプレビュー

「フォルダ型アイコン」(左)と「目のアイコン」(右)が表示される

　四隅の丸を引っ張ればカードを大きくすることもできますが、必要性は感じられません。

　やはり「見せる」ことを前提に作られているようです。

＊

続いて「サブメニュー」を開いてみました。

サブメニュー

　「ロック」をかけてみたところ、「フォルダ型アイコン」が「南京錠アイコン」に変わりました。

　置き換えや削除ができなくなるということのようです。

■テキストを入力する

　続いて、PC ユーザーは使用頻度が高いと思われる「テキスト入力」です。

「テキスト挿入アイコン」をクリック：文字入力できない

「テキストボックス」をクリック：文字入力できない

「テキストボックス」をダブルクリック：文字入力できる

　「メニューアイコン」をクリックすると、右下に黄緑のポイントが付いた「テキストボックス」が生成されます。

　「入力カーソル」は表示されず、キーボードを叩いても**文字は入力できません。**

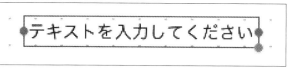

「テキストボックス」が生成されるが文字は入力できない

　「テキストを入力してください」を1回クリックすると、上部にメニューが出現します。

　「入力カーソル」は表示されず、キーボードを叩いても**文字は入力できません。**

上部にメニューが出現するが文字は入力できない

　ダブルクリックでカーソルが出現し、入力可能な状態になります。

　シングルクリック×2回だとダメで、ダブルクリックです。

　地味にやりにくいですが、慣れれば大丈夫だと思います。

＊

　カーソル出現とともに、メニューが6つに増えました。

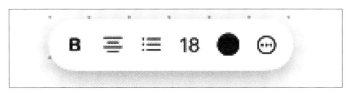

メニューが6つ出現

「B」は文字装飾メニューで、クリックすると、「太字」や「イタリック」「取り消し線」などの「文字装飾メニュー」が表示されます。
その他は左から、「文字揃え」「リスト表示」「フォントサイズ」「文字色メニュー」です。

いちばん右の白丸を押すと、「フォント」や「カラーパネル」への導線が表示されます。

「フォント」や「カラーパネル」への導線が表示される

文字を装飾してみました。
1つのテキストボックス内で、1文字単位で装飾可能です。
日本語はイタリック非対応のようでした。

テキスト入力がアクティブの状態では、「文字色」が12色から選べます（これ以外の色については後述）。

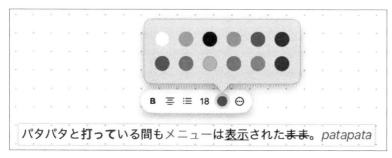

文字は1文字単位で装飾可能

中央の「Aa」を押すと、「文字装飾メニュー」が表示されます。
できることは先ほどとほぼ同じで、違いは「取り消し線」がないことくらいです。

右上の「…」を押すとフォント設定ができます。

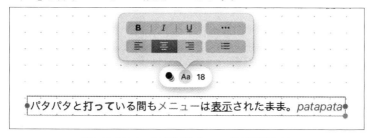

「Aa」を押すと、「文字装飾メニュー」が表示される

＊

テキストを操作している間は、「メニューボタン」が常に表示されています。

　邪魔になるケースも出てきそうですが、フリーボードは**誰かに「見せる」こと前提**で作られているようなので、見せながら色や形を変えたり、あとからまとめて装飾するのではなく入力して即装飾できたほうが、都合がいいのかなと思っています。

　Apple Pencil勢は「はいここ、テストに出るから」と、単語を線でグルグルと囲んで見せることができます。しかし、PC勢はそこまでの自由度がありません。
　「はいここ、赤文字にしたとこ、テストに出るから」と伝えるためには、入力から装飾までのタイムラグは短いほうがいいです。
　だから、常にメニューを表示させておくのだろう、と理解しました。

■図形を挿入する

挿入できるスタンダードな図形はこんな感じです（**次図**）。

「Mac」のプレビューよりは選択肢豊富ですが、これだけではありません。

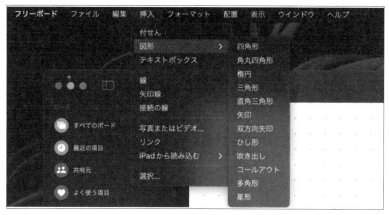

挿入できる一般的な図形

「図形挿入ボタン」を押すと、一般的な図形はもちろんのこと、図のようなアイコン画像も選べることが分かります。

「Font Awesome」のようで、ちょっと選ぶのが面倒なくらい種類豊富です。

「図形挿入ボタン」を押すとアイコン画像も選べる

図の右上に「ペンツールで描画します」と表示されていますが、これがなかなか使えて面白いです（**次項**で詳述）。

■図形を描画する

「ペンツール」を使うと、自由自在に線や図形が描画できます。

次図は「ペンツール」を選択したときに表示される説明文です。

> ⊗ 直線と曲線を切り替えるには、ポイントをダブルクリックします。
>
> 線を分割して新しいポイントを追加するには、中点をドラッグします。

「ペンツール」の説明文

これを読むだけだと理解が及ばないので、実際に使ってみました。

*

クリックするたびに「赤四角のポイント」が置かれて、ポイントから線が伸び、図形が描画できます。

塗りつぶしの赤い四角はアクティブ（＝クリック）状態を表わします。

図では6つのポイントが直線でつながっていますね。

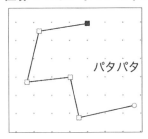

直線で図形が描画できる

1個所だけ曲線にしたいときは、**曲線にしたいポイントをダブルクリック。**
すると、曲線になります。「ベクター描画」みたいな感じでしょうか。

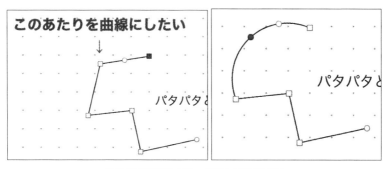

ポイントをダブルクリックすると曲線になる

　ポイントを追加したいときは、オブジェクト上に表示される「グレー線・白抜きの丸印」を探してください。

手　順	ポイントを追加する

[1] 任意のポイントをクリック

[2] 任意のポイント上でホバーする

[3] ポイントを埋め込みたい線上にホバーする

こんな感じの操作をすると丸印が出現します(図の右の矢印で示した部分)。クリックすれば、そこが新しいポイントになります。

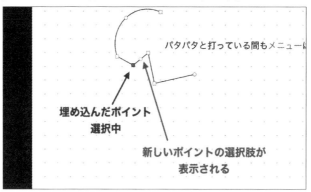

ポイントの追加

　ポイントの選択肢は、2つの既存ポイントの中央に表示されますが、**ドラッグで左右に移動**できます。

＊

　このような形で、図形の修正や編集も簡単。

　再編集する場合、**図形をダブルクリック**すればアクティブになります。

5-3　　その他のメニューも見てみる

　「配置」からは、挿入したオブジェクトのポジション調整ができます。

　「画像のレイヤー移動が『最前面』『最背面』しか指定できない」と書きましたが、ここから「前面」「背面」の指定が可能です。

　それと、「オブジェクトの整列」ができるようです。

　最近の「フリーボードアプリ」はどれも「整列機能」が付いていますね。

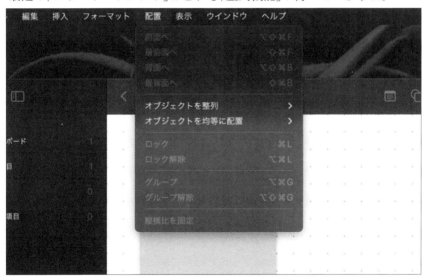

配置

　こちらは「表示」です。

　「方眼を非表示」にすると、背景のドットを非表示にできます。

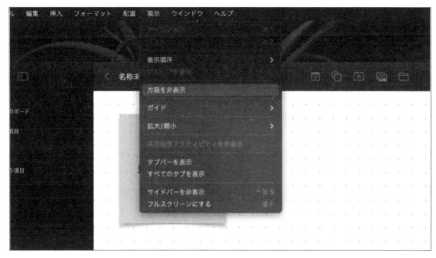

表示

実際にやってみたのがコチラ。
真っ白です。背景のドットが消えました。

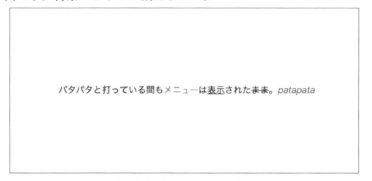

「方眼を非表示」で背景のドットが消える

　「表示」の下には「ガイド」があります。
　「3つのオブジェクトを等間隔に並べる」「中央を揃える」といった、オブジェクトを手動で配置するときに便利な「補助線」などの設定です。

　「触覚フィードバックを使用」は後述します。

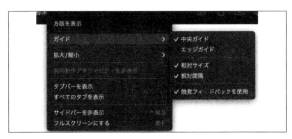

ガイド

■フリーボードの「広さ」がスゴイ

倍率100%で表示されたフリーボードに、いろいろなオブジェクトを貼り付けて作業し、10%まで倍率を下げてみました。

中央に集合している赤いモノがオブジェクトです。めちゃくちゃミニサイズになりました。

100%から10%に倍率を下げるとオブジェクトが非常に小さくなる

つまり、フリーボード1枚のサイズはかなり大きいです。

「テキストファイル」をドラッグで拡大した際に、画像サイズが「cm」で表示されていたことを思い出しました。

　画像をドラッグでできるだけ大きく拡大してみたところ、幅640cm（約6ｍ）。
果てしなく広がる作業スペースというのは「miro」と似ています。
「ボードアプリ」はたいていそうなのかもしれません。

＊

　これだけ広いスペースがあると、プレゼンなど完成形を見せるだけに使うの
はもったいないですね。

・**ネタ出し、ブレインストーミング**：思いついた人がイタズラ書きレベルでど
んどん書き込める
・**マインドマップ**：ブランチ伸ばしまくり、思考も広がりまくり

　この辺りの作業にはかなり使いやすい仕様だと思います。
　マインドマップは個人で作成する方も多いと思いますので、ぜひ活用してみ
てください。

＊

　ちなみにボードの「表示倍率」はこのように変更できます。
　「選択部分に合わせる」「コンテンツに合わせる」などがワンクリックで設定
できるのはとても便利です。

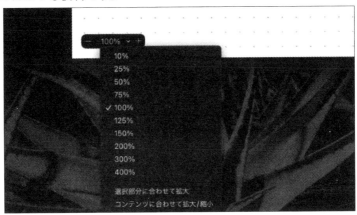

「表示倍率」の変更

5-4　フリーボードの使いにくい点

　これからアップデートを繰り返すと思いますし、設定次第で使いやすくできるのかもしれませんが、2022年12月の時点で私が1回だけ使ってみたときに「使いにくい」と感じた点を3つ挙げておきます。

・「触覚フィードバック」は好みが分かれるかも
・文字色の自由度がイマイチ
・オブジェクトサイズ変更後にボードが動く

■「触覚フィードバック」は好みが分かれるかも

　「触覚フィードバック」は、オブジェクトの「揃え」を感知したときに"ブブッ"と振動するようです。

　具体的には、オブジェクトの中央や辺が近隣オブジェクトと揃った瞬間などに、「トラックパッド」が"ブブッと"反応します。
　マウスやキーボード操作では当然フィードバックがありません。
　「トラックパッド」や「モバイル端末」が対象です。

　なぜ使いにくいのかと言うと、

・フィードバックにビビって手元が動き、オブジェクトがズレる。
・オブジェクトが密集していると、何がどこに揃って振動したのか分からない。

　面白いぐらい正確にフィードバックされるので、画像を複数重ねた状態で1枚だけ動かすと「ブブブブブブブブブ」と連続で振動します。

　もちろん視覚的に「揃え」が分かるように黄色いガイド線が表示されるので、「触覚フィードバック」はオフにしても問題ないです(慣れれば親切設計なのかもしれません)。

■文字色の自由度がイマイチ

テキストボックスの文字色は1文字単位で変えられると書きました。

ただし、「カラーパレット」にセットされている12色以外を混ぜ込む場合、一手間必要です。

●カラーパレットはデフォルトの12色から変更できない！

テキスト入力が「アクティブ」の状態だと、「カラーパレット」は12色。1文字単位で色を変えることも可能です。

テキスト入力を「非アクティブ」にすると、パレットに「その他のテキストカラー」というメニューが出現し、12色以外のカラーが使えるようになります。

ただ、「非アクティブ状態」でカラーを設定すると、**テキストボックス内すべての文字が同じ色**になります。

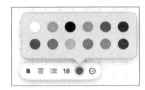 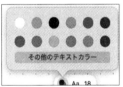

テキスト入力が「アクティブ」のとき（左）、「非アクティブ」のとき（右）

例として「あかさたな」と入力し、「ワインレッド」っぽい色を選択したところ、ボックス内すべての文字が「ワインレッド」に染まりました。

「ワインレッド」はパレットにない色です。

これを使ったからといって、パレットには追加されないようです。

テキスト入力を「アクティブ」にしてパレットを確認してみましたが、やはり「ワインレッド」は追加されていませんでした。これは少し不便かもしれません。

*

たとえば、「あかさたな」の「あか」だけを「黒」、他を「ワインレッド」にしたい場合、以下の手順を踏むことになります。

(1)テキスト入力が「非アクティブ状態」で全文字を「ワインレッド」にする。

(2)ダブルクリックで「入力アクティブ」。

(3)「あか」だけを「黒」に変更。

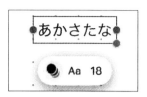

「あか」だけを「黒」、他を「ワインレッド」にしたい場合

しかし、これでは「その他のカラー」が**1色しか使えません。**

たとえば、パレットにない「緑」と「ワインレッド」を使いたい場合、こうなります。

(1) 入力非アクティブ状態で「ワインレッド」「緑」のテキストを別々に作る。

(2) ダブルクリックで入力アクティブ。

(3) 「緑」の「あか」をコピーして、「ワインレッド」側にペースト。

こんなにカラフルにすることはないでしょうが、もしやるとしたら面倒くさいですね。

「緑」と「ワインレッド」を使う場合

■オブジェクトサイズ変更後にボードが動く

「操作中のオブジェクトをボードの表示エリア内に収めて表示する」という、親切設計(ありがた迷惑)のようです。

たとえば、画像を左上に向かってダイナミックに拡大したいとき、オブジェクトを右下に移動させてドラッグのスペースを確保することがあります。

次図がその状態です。左上を空けて、ペンの画像を右下に移動させました。

ペンの画像は見切れています。

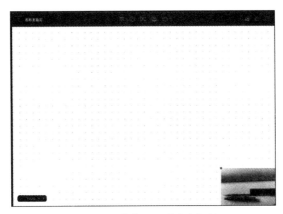

画像は右下に移動させて左上を空けた

　画像の左上を掴んで、左上に向かって"グイー"っとドラッグしました。

　この時点では、まだ右と下が見切れています。

　ここで、「これぐらい拡大すればいいかな、あとで調整しよう」と思って「トラックパッド」から指を離します。

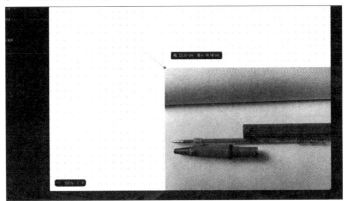

ペンの画像を拡大

　すると、さっきまで見切れていた画像が表示エリア内に収まりました。

　画像が動いたというより、ボードが動いたのでしょう。

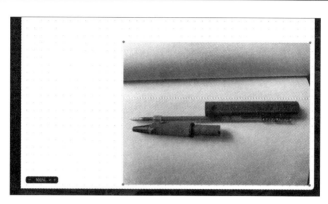

自動的に画像が表示エリア内に収まる

　共同作業あるいは共有資料を作っている前提で「ほら、近視眼的になったら
ダメダメ、視野を広くね！」ということで、**全体のバランスを確認できるよう**
にしてくれるのだと思います。
　ただ、拡大率を手動で何度も微調節したいときでも、いちいちボードが動く
ので、とてもありがた迷惑です。

5-5 「Notion」には埋め込めず

「共有リンク」が取得できるなら、それを「Notion」に埋め込むとどうなるのでしょう。

「共有URL」を取得して、「Notion」のページに埋め込んでみましたが……

「共有URL」を「Notion」のページに埋め込むと……

失敗しました。

```
「/」または「:」でコマンドを入力する

Shared boards are only available in Freeform.
Shared boards are only available in Freeform. To get Freeform, you'll need to install macOS Ventura 13.1 or later, or use
an iPad with iPadOS 16.2 or later, or an iPhone with iOS 16.2 or later. Go to App Store
   https://www.icloud.com/freeform/07bxj52G9cs6snRgMwWpqMkiQ
```

エラーが表示される

「シェアボード」(共有したフリーボード)は、フリーフォーム内でしか使えませんよ、と書かれていました。

＊

今のところ、「とにかくいろいろやってみた！」という状態です。

便利な設定、便利な機能が、他にもたくさんあるんだと思います。

「iPad mini」も含めてちょっとずつ使ってみて、面白そうなネタがあればまとめたいと思います。

第**6**章

その他の新機能

本章では、これまでで紹介してきた機能以外の新機能を解説します。

1つ1つは小粒ですが、どれも便利なものばかりです。

6-1　「時計」アプリを使ってみる

ここでは、「Mac」の標準アプリの一つ、「**時計**」アプリを使ってみました。

「世界の時間」を知るだけでなく、「タイマー」や「ストップウォッチ」としても使えます。

家事の合間にほんの少し作業するときに「タイマー」をセットする、などの状況で役に立ちそうです。

こちらは、「macOS Ventura」で追加されたアプリになります。

筆　者	●K.K
記事URL	●https://kk90info.com/%e3%82%bf%e3%82%a4%e3%83%9e%e3%83%bc%e3%82%82%e4%bd%bf%e7%94%a8%e5%8f%af%e8%83%bd%ef%bc%81mac%e3%81%ae%e3%80%8c%e6%99%82%e8%a8%88%e3%80%8d%e3%82%a2%e3%83%97%e3%83%aa%e3%82%92%e4%bd%bf%e3%81%a3/
記事名	●タイマーも使用可能！Macの「時計」アプリを使ってみる

■「Mac」の「時計」アプリを使ってみる

「アプリ一覧」にある「時計」アプリをクリックします。

なお、「時計」アプリのアイコンは、そのときの「現在時刻」になっています。

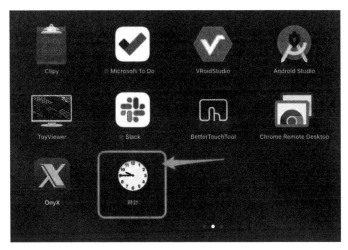

「時計」アプリを起動させる

＊

アプリが起動しました。

まずは、「世界時計」が表示されました。

●世界時計

世界中の場所の時間を表示できます。

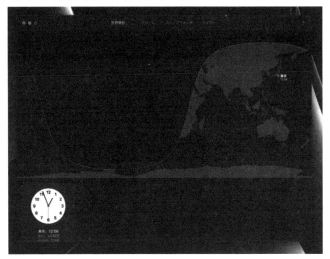

世界時計

画面右上の「＋」をクリックすると、他の地域を追加できます。

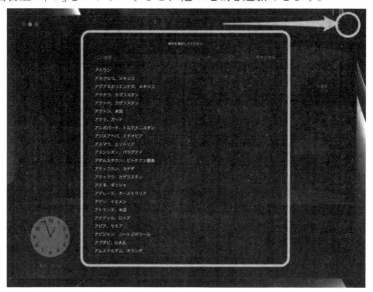

「地域」を追加

アメリカの「アトランタ」の時刻を追加してみました。

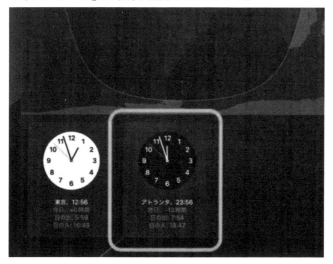

「アトランタ」を追加

●アラーム

次に「アラーム」を開きます。

「アラーム」を追加する場合は、画面右上の「＋」をクリックします。

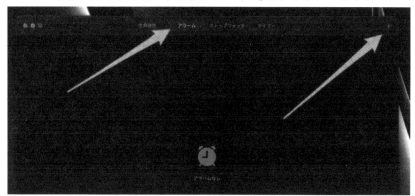

「アラーム」を開く

「時刻」や「曜日」や「サウンド」などを設定して、「保存」をクリックします。

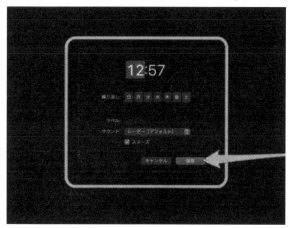

「アラーム」を保存

「アラーム」を追加できました。

設定した時間になったら通知してくれます。

「アラーム」の追加が完了

●ストップウォッチ

「ストップウォッチ」は、「開始」をクリックすると、カウントが始まります。

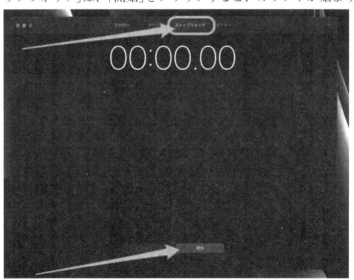

ストップウォッチ

　「ストップウォッチ」では、その瞬間の時間を記録する「ラップ」と「停止」の操作ができます。

ラップ

●タイマー

最後に、「タイマー」を使ってみます。

タイマー

「設定時間」と「サウンド」を選択して、「開始」をクリックします。

タイマー設定

「タイマー」が開始しました。
数字と連動して「リング」も少しずつ減っていきます。

タイマー開始後

「タイマー」が「0」になると、画面の右上に通知が表示されます。

これで「Mac」で作業中でも、「設定時間」に気が付くことができます。
また「通知」は「繰り返し」を選択することもできました。

タイマー完了

＊

ユーザーフレンドリーで、非常に使いやすい「時計」アプリです。
基本的には、「iPhone」や「iPad」にある同アプリと使い方は同じです。

6-2　「天気」アプリを使ってみる

「Mac」の「天気」アプリを使ってみました。

　こちらは「macOS Ventura」から追加された、Mac純正の「天気予報アプリ」になります。

　今まで「iPhone」には標準装備されていたアプリが、とうとうMacでも使えるようになりました。

筆　者	●K.K
記事URL	●https://kk90info.com/%e7%a9%ba%e6%b0%97%e8%b3%aa%e3%82%84uv%e6%8c%87%e6%95%b0%e3%81%ae%e4%ba%88%e5%a0%b1%e3%81%be%e3%81%a7%e3%82%82%ef%bc%81mac%e3%81%ae%e3%80%8c%e5%a4%a9%e6%b0%97%e3%80%8d%e3%82%a2%e3%83%97%e3%83%aa/
記事名	●空気質やUV指数の予報までも！Macの「天気」アプリを使ってみる

■「Mac」の「天気」アプリを起動する

「アプリ一覧」に「天気」アプリがあります。

アプリ一覧

アプリを初起動した様子です。

「地域」を指定しないと、何も表示されません。

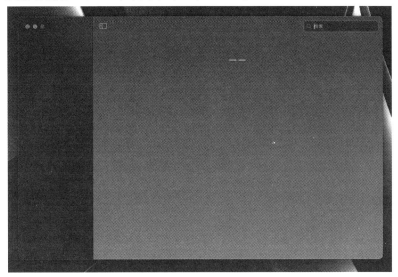

初起動後

■「Mac」の「天気」アプリを使ってみる

「天気予報」を表示したい地域を検索します。

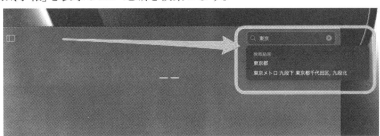

地域検索

「東京都の天気予報」を表示しました。

当日の1時間ごとの予報が表示されています。

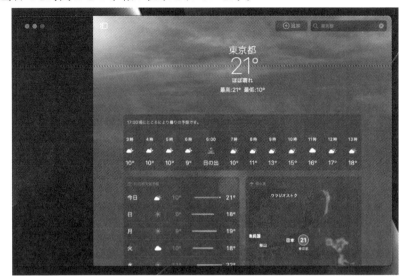

東京都の天気予報

日ごとの天気は10日間ぶん表示されます。

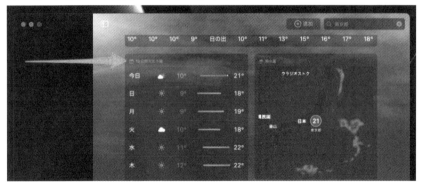

日ごとの天気

さらに「空気質」「UV（紫外線）指数」「日の入り・日の出時間」などをグラフィカルに表示。

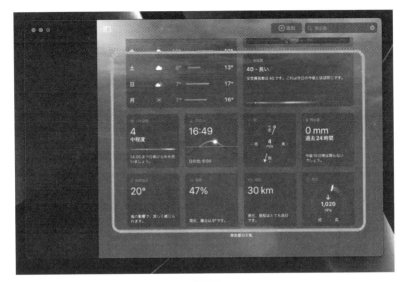

空気質

項目をクリックすると詳細情報を表示できます。

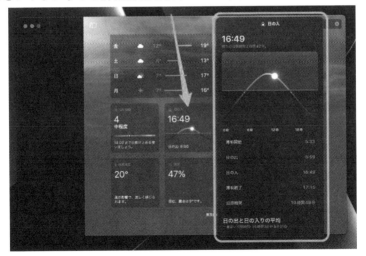

詳細情報

「UV指数」を詳細表示すると、この通り。

「紫外線に注意したい時間帯」が分かります。

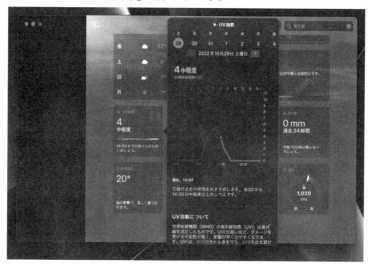

UV指数

　なお画面、左上のアイコンをクリックすると、「全画面表示」に切り替えられます。
　再度クリックすると、元に戻ります。

最大画面

■「Mac」の「天気」アプリの地域を追加する

　検索した地域は画面右上の「追加」をクリックすると保存しておくことができます。

　保存した地域は、左欄に一覧表示できます。

地域追加

　他の地域も追加してみました。

　よく行く地域は、保存しておくといいでしょう。

地域を複数追加

　なお、追加した地域は右クリックすると削除できます。

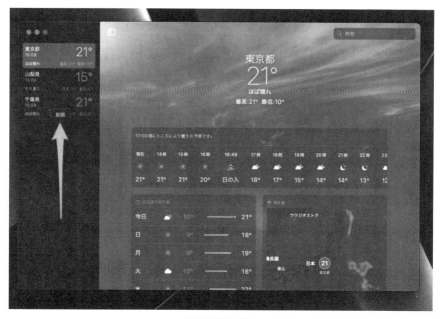

「追加地域」を削除

*

　天気の予報も10日間と長く、いろいろな角度の予報も表示されるので、頼もしいアプリです。

第**7**章
他機器との接続の不具合

> ここでは、「macOS Ventura」搭載PCを、「外付けストレージ」などの外部機器とつないだときに発生する「不具合」と、その「対処法」について解説します。

7-1 「外部機器」と「データ通信」ができない

　「macOS Ventura」では、「Apple Silicon Mac」でのアクセサリ(「USBメモリ」や「Thunderbolt Dock」など)の初回接続時に、「ユーザー許可」が必要になっているので、注意が必要です。

筆　者	●AAPL Ch.運営者
記事URL	●https://applech2.com/archives/20221025-macos-13-ventura-usb-and-thunderbolt-user-approval.html
記事名	●macOS VenturaではApple Silicon MacでUSBメモリやThunderbolt Dockなどのアクセサリの接続時にユーザー許可が必要になっているので注意を。

■「USB/Thunderboltデバイス」を接続すると「ユーザー許可」が表示されるように

　Appleは、2022年06月に開発者向けに公開した「macOS Ventura」のBeta版で、

> 次期「macOS Ventura」では、「Apple Silicon」を搭載した持ち運びが可能なMac(Portable Mac)でアクセサリ・セキュリティを強化し、MacBookの「USB/Thunderboltポート」に接続されたアクセサリと通信する前にユーザーの許可が必要になる

と発表していました。

Updates in macOS 13 Ventura Beta

Accessory Security

New Features in macOS 13 Ventura Beta

- On portable Mac computers with Apple silicon, new USB and Thunderbolt accessories require
  user approval before the accessory can communicate with macOS for connections wired directly
  to the USB-C port. This doesn't apply to power adapters, standalone displays, or connections to
  an approved hub. Devices can still charge if you choose Don't Allow.

  You can change the security configuration in System Settings > Security and Privacy > Security.
  The initial configuration is Ask for new accessories. Configuring an accessibility Switch Control
  sets the policy to always allow accessory use. Approved devices can connect to a locked Mac for
  up to three days.

  Accessories attached during software update from prior versions of macOS are allowed
  automatically. New accessories attached prior to rebooting the Mac might enumerate and
  function, but won't be remembered until connected to an unlocked Mac and explicitly approved.
  (43338666)

「macOS Ventura Beta」のリリースノートより

　10月25日にリリースされた「macOS Ventura」では、このセキュリティ機能がデフォルトで有効になっており、「Apple Silicon Mac」で「USBメモリ」や「SSD/HDD」、「Thunderboltハブ」や「Dock」などのアクセサリを接続すると、以下のような通知が表示されるようになっています。

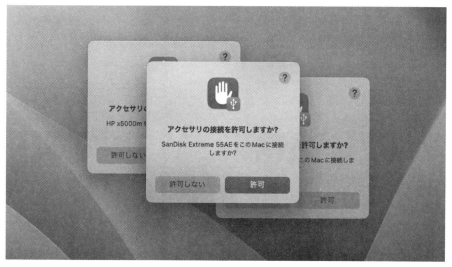

「macOS Ventura」で「USB/Thunderboltデバイス」を接続した際に
表示される「ユーザー許可」

　この機能は、近年出現した、「USB-Cケーブル」の端子内や「Thunderboltデバイス」に、「Wi-Fiモジュール」や「HIDキーボードエミュレータ」を内蔵して、MacやPCに接続させることで「ユーザーのキー入力」や「パスワード」などを盗み取る「BadUSB」からMacBookを守ることが可能です。

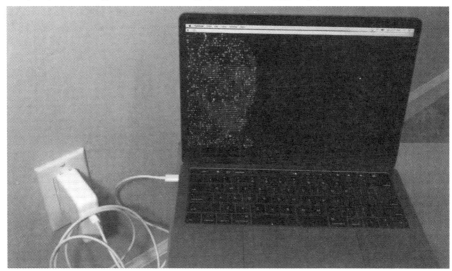

「BadUSB-Cケーブル」から攻撃を受ける「MacBook」

　一方、「macOS Ventura」では、「USB/Thunderboltアクセサリ」の接続後に表示される「アクセサリの接続を許可しますか？」プロンプトで[許可しない]を選択してしまうと、「USB/Thunderboltアクセサリ」が利用できなくなり、接続し直して[許可する]を選択しなければならなくなります。

「macOS Ventura」の「USB/Thunderbolt アクセサリ」の使用許可

　さらに、この機能は「**USB電源アダプタ**」や「**スタンドアロン・ディスプレイ**」、承認済みの「**USBハブ**」には適用されず、[許可しない] を選択した「USB/Thunderbolt アクセサリ」にも電源は供給される、という仕様です。

　そのため、「『USBメモリ』や『SSD/HDD』のアクセスランプは点灯し、デバイスは起動しているのにデータ通信ができない」といった問題が発生するので、システム管理者の方は注意してください。

「USB/Thunderbolt アクセサリ」のデータ通信はできないのに、電源は供給される

　なお、「アクセサリ・セキュリティ」は、刷新された「システム設定」アプリの、
[プライバシーとセキュリティ]→[アクセサリのセキュリティ]から、[毎回確
認]、[新しいアクセサリの場合は確認]、[ロックされていない場合は自動的に
許可]、[常に許可]の設定が選択できるので、安全な環境でMacBookをお使い
の方はセキュリティレベルを下げてもいいかもしれません。

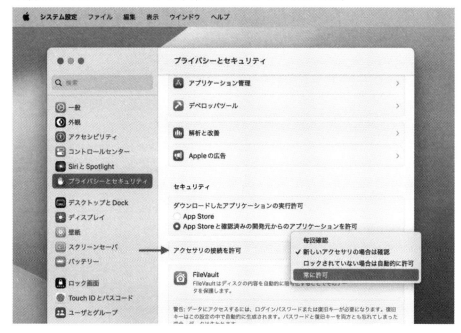

「macOS Ventura」のアクセサリセキュリティ

■「デーモン」や「ヘルパーアプリ」にも「ユーザー許可」が必要

　また、「macOS Ventura」では、「メインアプリ」とは異なり、バックグラウ
ンドでアップデートやクラウド同期機能を実行し続ける「Adobe」や「Microsoft」
「Logicool」などの「デーモン」や「ヘルパーアプリ」(ログイン項目)にも、「ユー
ザー許可」が必要です。

　そのため、アップグレード後は多数の「ユーザー許可/承認」プロンプトや通
知が表示されると思われます。

「macOS Ventura」アップグレード後の「ユーザー許可/承認」通知

　1つずつ注意して処理していかないと、後に「Adobe」や「Microsoftアプリ」の「自動更新」や「クラウド同期」、「ライセンス承認」「初期起動」や「外部デバイスとの接続」ができなくなるので注意してください。

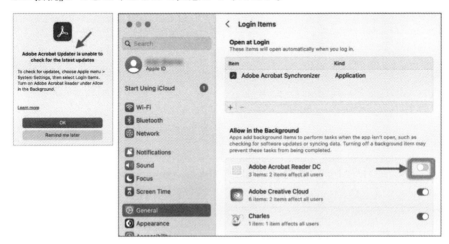

1つずつ注意して、「チェックボックス」をオンにする

7-2 「外部ディスプレイ」の設定ができない/画面がチラつく

「macOS Ventura」では、「Thunderbolt/USB-Cハブ」経由で「外部ディスプレイ」を接続すると「『HiDPI解像度』の設定や『リフレッシュレート』の変更ができない」「『フリッカー』が発生する」といった問題が確認されています。

筆 者	●AAPL Ch.運営者
記事URL	●https://applech2.com/archives/20221107-macos-13-ventura-external-display-issue.html
記事名	●macOS Venturaでは、ThunderboltやUSB-Cハブ経由で外部ディスプレイを接続するとHiDPIモードやリフレッシュレートの変更ができない、フリッカーが発生するといった問題が確認されているので注意を。

「macOS Ventura」では、「Thunderbolt 3 Dock」や「USB-Cハブ」経由で「外部ディスプレイ」を接続すると、「解像度」や「リフレッシュレート」の設定変更や表示に不具合が発生することが確認されています。

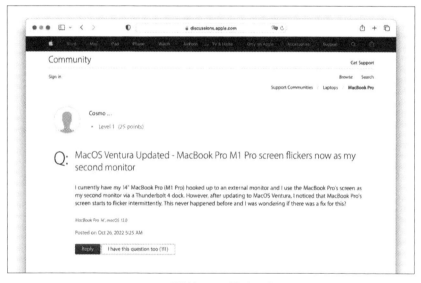

macOS Ventura Updated
– MacBook Pro M1 Pro screen flickers now as my second monitorより

■「macOS Ventura」でのディスプレイ設定

　「macOS」では「OS X 10.9.3 Mavericks」以降、ディスプレイの表示スペースは小さくなるものの、**(a)**「高ピクセル密度」(DPI)で映像を表示する「**HiDPIモード**」や**(b)** ディスプレイの「**リフレッシュレート**」、「**ハイダイナミックレンジ**」(HDR)などをサポートしています。

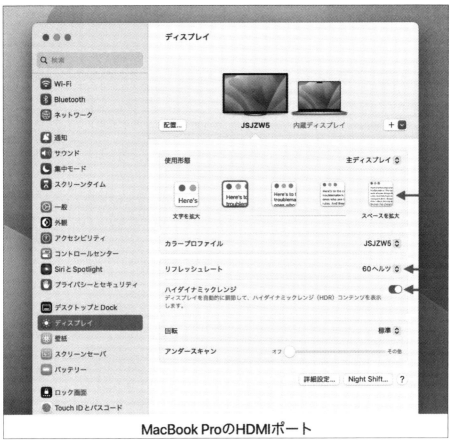

MacBook ProのHDMIポート

MacBook Pro (14-inch, 2021)のHDMIポートに直接接続した「4Kディスプレイ」の設定

　新たにリリースされた「macOS Ventura」では、「Thunderbolt 3/4 Dock」や「USB-Cハブ」経由でHDMI/DP接続の「外部ディスプレイ」を接続すると、これらの設定ができなくなっています。

この制限が、Apple が「Ventura」で導入した「Thunderbolt/USB セキュリティ」機能によるものかは不明ですが、

BelkinのUSB-Cハブ経由

「MacBook Pro」(14-inch, 2021)の「Thunderbolt/USB-C ポート」に
「Belkin」のハブ経由で接続した「4K ディスプレイ」の設定

　「macOS Monterey」で「USB-C ハブ」のHDMI ポートに4K ディスプレイを接続すると、以下のように「HiDPI」やリフレッシュレート、HDRの設定が可能なため、Apple Communityの報告通り、この問題は「macOS Ventura」側の不具合のようです。

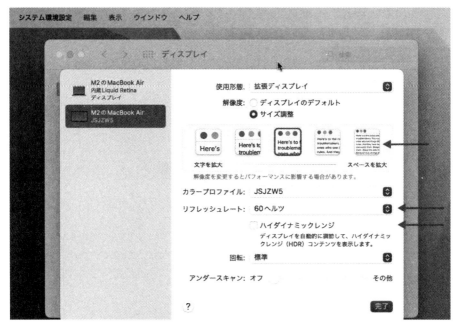

「macOS Monterey」のディスプレイ設定

＊

　現在のところ、解決策としては、Macの「HDMI/USB-Cポート」から、直接「HDMI/USB-Cケーブル」をディスプレイに接続するしかないようです。

＊

　また、「CalDigit」によると、「Thunderbolt Dock」や「Hub」に接続したディスプレイが正常に動作しない場合、Macを「セーフモード」で起動して、「Dock」を再接続。

　その後、Macを「通常モード」で起動すると正しく動作する場合がある、と「サポートドキュメント」を公開しています。

macOS Ventura and USB/Thunderbolt Device Security

> *If you find the external display connected to your Thunderbolt Dock or Hub no longer work properly after updating to Ventura, please try to boot to safe mode, reconnect the dock, and then restart your Mac and boot back to the normal mode.*
>
> macOS Ventura and USB/Thunderbolt Device Security – CalDigit

　しかし、「VSCode」や「JetBrains IDE」のIssuesには、「macOS Ventura」のアップグレード後にフルスクリーンでIDEを利用すると「フリッカー」(チラつき)が発生するようになった、という不具合も報告されているので、「Dock」や「Hub」を利用してマルチディスプレイ環境を構築している方は注意したほうがよさそうです。

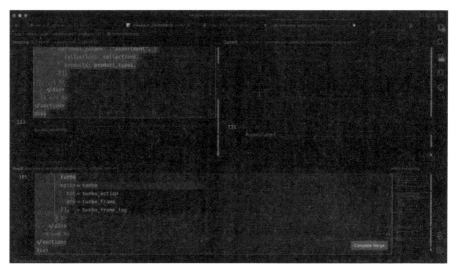

「フリッカー」(チラつき)が発生する様子。上図と下図の画面が交互に繰り返される

7-3 「外部ストレージ」のデータが読み込めない

「macOS Ventura」には、「exFATフォーマット」の「外部ストレージ」に保存
してある写真やデータが読み込めなくなる不具合が確認されています。

筆　者	●AAPL Ch.運営者
記事URL	●https://applech2.com/archives/20221205-macos-13-ventura-exfat-format-issue.html
記事名	●macOS.0 VenturaではexFATフォーマットとの互換性の問題により、外部ストレージに保存してある写真やデータが読み込めなくなる可能性があるので注意を。

■「exFATフォーマット」の「外部ストレージ」が使えなくなった

Appleは、開発者向けに「2022年10月にリリースする『macOS Ventura』では、
macOSでネイティブサポート（Read/Writeが可能）されているMicrosoftの
『msdos』と『exfat』ファイルシステムの実装を変更する」と発表していました。

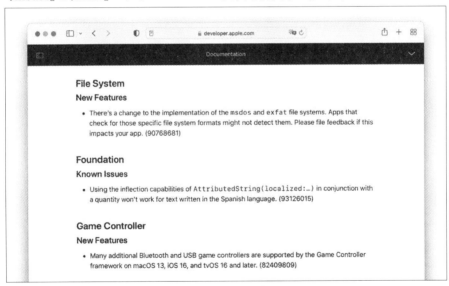

「macOS Ventura」での「msdos」と「exfat」

There's a change to the implementation of the msdos and exfat file systems. Apps that check for those specific file system formats might not detect them. Please file feedback if this impacts your app.（90768681）

macOS 13 Ventura Beta Release Notes – Apple Developer

この変更が原因で、「macOS Ventura」では「exFATフォーマット」の「外部ストレージ」に保存された写真やデータが読み書きできなくなる不具合が確認されています。

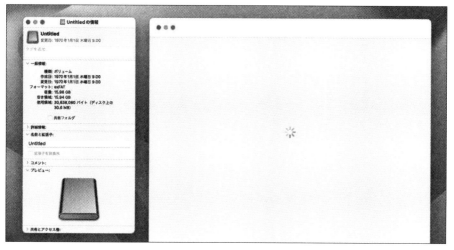

「exFATフォーマット」の「外部ストレージ」に保存した
写真ライブラリの読み込みが終わらない

＊

「Apple Support Communities」や、オーディオソフトウェアを開発する「Waves Audio Ltd.」のサポートによると、これまで「exFATフォーマット」の「外付けHDD」や「USBメモリ」に保存していた写真ライブラリやライセンス情報を、「macOS Ventura」へのアップグレード後に読み込もうとすると、「ロード/アクティベイト」ができない状態になるとのことです。

← ツイート

メディア・インテグレーション サポート ···
@misupport

Waves製品のアクティベーションについて、現在
macOS VenturaではexFATフォーマットのUSBメモリに
ライセンスをアクティベーションできない状態が確認
されています。他のフォーマットのUSBメモリまたは
Mac本体へのアクティベーションを行っていただくよ
うお願いいたします。

> **メディア・インテグレーション サポート** @misupport · 11月8日
> Waves V14プラグイン製品がmacOS Ventura 13に対応いたしました。V14をご利
> 用中の場合は、最新のWaves Centralより対応バージョンをインストールいただ
> けます。
> support.minet.jp/portal/ja/kb/a...

午後0:00 · 2022年11月10日

「macOS.0.x Ventura」での不具合を伝えるツイート

Important Note: [...] Note that on macOS（Ventura）, license activation is currently not possible on exFAT formatted USB drives.

Download Waves Central – Waves

バックアップ・ユーティリティ「Carbon Copy Cloner」を開発する米
Bombich Softwareは11月29日付で、「『macOS Ventura』では『exFATフォー
マット』のファイルシステムで、フォルダのinodeが親フォルダのinodeと同一
になってしまうケースが確認されている」として、Appleに報告。

Venturaユーザーに対して、問題が修正されるまで「exFAT」ではなく、「APFS
フォーマット」を利用するようにコメントしています。

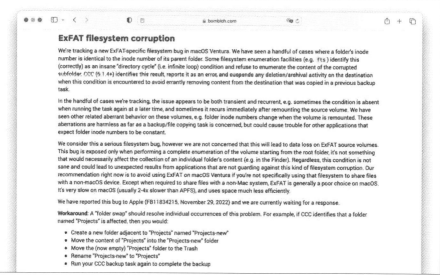

※Bombich Softwareのコメント(macOS Ventura Known Issues)

We're tracking a new ExFAT-specific filesystem bug in macOS Ventura. We have seen a handful of cases where a folder's inode number is identical to the inode number of its parent folder.

macOS Ventura Known Issues | Carbon Copy Cloner – Bombich Software

---

■「dfコマンド」で取得できる情報も変わった

　この件について、「『macOS Ventura』では、『exFAT』の実装が変更され、『df コマンド』で取得できる情報がまったく変わってしまった」というコメントを頂いたので、確認しました。

　すると、確かに「macOS Monterey」では「exFATフォーマット」のストレージでも正しくinodeのifreeやiusedが取得できるのに対し、「macOS Ventura」では「exfat://」というprefixが追加され、inodeの情報がまったく異って(間違って)いました。

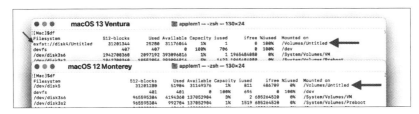

「macOS Monterey」と「macOS Ventura」のdf

■「macOS Big Sur」でも発生していた不具合

　ちなみに、「exFATフォーマット」の「外付けHDD」や「SSD」に保存されている写真ライブラリが読み込めなくなる不具合は、「macOS Big Sur」時代にも発生しており、それ以来、Appleは写真ライブラリに利用する「外付けストレージ」のフォーマットに「APFS/Mac OS拡張（ジャーナル）」を利用するように指示しています。

Appleは「APFS/Mac OS拡張(ジャーナル)」を利用するように指示

> 外付けのストレージデバイス（USB ドライブ、Thunderbolt ドライブなど）を Mac 用にフォーマット（APFS フォーマットまたは Mac OS 拡張（ジャーナリング）フォーマット）してください。
>
> 　　　　フォトライブラリを移動して Mac の容量を節約する – Apple Support

第8章

アプリの不具合

ここでは、アプリの「不具合」の中でも、「macOS Ventura」の仕様などが原因で発生していると考えられる不具合について解説します。

アプリ側に原因がある不具合は、そのアプリのサポート情報を確認してください。

8-1　アプリの「起動」や「アップデート」ができない

「macOS Ventura」アップグレード後に、「アプリが起動しない」「クラウド同期やアップデートが行なえない」といった問題が出た場合は、「ログイン項目」の確認を行なってみてください。

筆　者	●AAPL Ch.運営者
記事URL	●https://applech2.com/archives/20221025-macOS Ventura-security-issue.html
記事名	●macOS 13 Venturaアップグレード後に、アプリが起動しない、クラウド同期やアップデートが行えないといった問題が発生した場合は「ログイン項目」の確認を。

■「ログイン項目」とは

「macOS Ventura」では、アプリと一緒に「デーモン」や「エージェント」、「サービスマネージャー」「ヘルパーツール」などがインストールされると、それらを「ログイン項目」としてユーザーに明示(通知)する機能が追加されています。

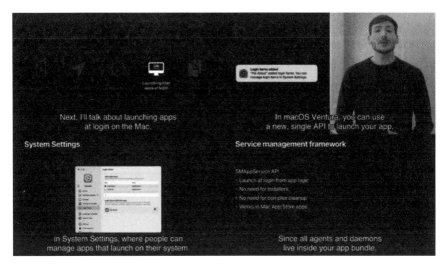

「macOS Ventura」のログインセキュリティ
（WWDC22の「What's new in privacy」より）

　この機能によって、ユーザーは「サードパーティアプリ」とは別に、バックグ
ラウンドで実行される、「デーモン」などの「ログイン項目」を確認できます。

　しかし、この通知を無視すると、「サードパーティアプリ」と一緒にインストー
ルされた「ログイン項目」が実行できなくなります。

「macOS Ventura」の「ログイン項目」の通知

■「ログイン項目」が実行できないと発生する問題

「ログイン項目」が実行できなくなることで発生する問題はさまざまです。

たとえば、Adobeの「Creative Cloudデスクトップアプリ」では、「アプリの自動更新」や「クラウド同期」「フォントのアクティベーション」「ライセンス認証」ができなくなり、最悪の場合、「Adobe CCアプリ」をオフラインモードで起動できなくなる問題が発生します。

そのため、Adobeは最新のデスクトップアプリで、「macOS Ventura」のユーザーに対し、「ログイン項目」を許可するように警告を出しています。

「Adobe CCアプリ」を「macOS Ventura」搭載のMacにインストールすると、「ログイン項目」も許可するように通知が表示

しかし、現在のところ、このような対応をとっていないアプリがほとんどのため、「macOS Ventura」へのアップグレード後に、「アプリが起動しない」「アプリの一部機能が動作しない」といった不具合に遭った方は、「macOS Ventura」で刷新された「システム設定」アプリの[一般]→[ログイン項目]で「バックグラウンドでの実行を許可」から、問題が発生しているアプリの「ログイン項目」の実行を許可してみてください。

「macOS Ventura」の「システム設定」アプリで、
バックグラウンドでの実行を許可する

8-2　「ログイン画面」に戻される

「macOS Ventura」で、何らかの原因により「WindowServer」がクラッシュし、「ログイン画面」に戻される不具合が確認されているようです。

筆　者	● AAPL Ch.運営者
記事URL	● https://applech2.com/archives/20221106-back-to-login-screen-after-macos-13-ventura.html
記事名	● macOS 13 Ventura で何らかの原因により WindowServer がクラッシュし、ログイン画面に戻される不具合。

■「ログイン画面」に戻される（ログアウトさせられる）

「macOS Ventura」では、「OBS Studio v28」以降で「ScreenCaptureKit」がフルサポートされ、「Soundflower」などの「オーディオルーティングソフト」なしに、アプリのオーディオをキャプチャすることが可能になりました。

「OBS Studio v28」で「太鼓の達人」のオーディオをキャプチャ

この「OBS Studio v28」の「オーディオキャプチャ・テスト」をしていて知りましたが、「macOS Ventura」では、何らかの原因によって「WindowServer サービス」がクラッシュして、「ログイン画面」に戻される（ログアウトさせられる）不具合があるようです。

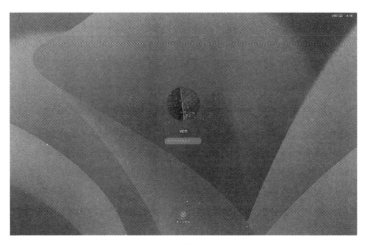

ログイン画面に戻される(ログアウトさせられる)

■「WindowServer」のクラッシュ

「WindowServer」は、アプリケーションのウィンドウやUIを「バックグラウンド・プロセス」などで管理/接続するサービスで、「macOS Monterey」でも「Firefox」が原因で「WindowServer」の「メモリリーク」が発生していました。

「Firefox v94」で「WindowServer」のCPU使用率が170%

> *Window Server*
> *The window server is a single point of contact for all applications. It is central to the*
> *implementation of the GUI frameworks（AppKit and HIToolbox）and many other services（for*
> *example, Process Manager）.*
>
> Daemons and Agents の WindowServer より

　「Reddit」や「Apple Developer Forums/Community」によると、「macOS
Ventura」では、「Microsoft Office」や「Docker」「OBS Studio」の使用や、「フル
スクリーンへの切り替え」「外部ディスプレイ接続時」など、さまざまなケース
で「WindowServer」がクラッシュ。

　最終的に「ログイン画面」に戻される（ログアウトさせられる）不具合が確認さ
れているそうなので、これからアップグレードする方は注意してください。

「macOS Ventura」で「WindowServer」がクラッシュ

```
Process:              WindowServer [5266]
Path:                 /System/Library/PrivateFrameworks/
SkyLight.framework/Versions/A/Resources/WindowServer
Identifier:           WindowServer
Version:              ???
Code Type:            ARM-64 (Native)
```

＊

　また、「ScreenCaptureKit」によって、「WindowServer」サービスの「CPU/
GPU, メモリ使用率」が改善した「OBS Studio」では、特定の「カラープロファ
イル」で遅延が発生しているようです。

8-3　特定のアプリで「メモリ使用率」が上がる

「macOS Ventura」では、刷新された「システム設定」アプリを起動すると各設定項目が起動し、新しい「Ventura スクリーンセーバ」を開くと「メモリリーク」が起こるので、注意してください。

筆　者	●AAPL Ch.運営者
記事URL	●https://applech2.com/archives/20221107-macos-13-ventura-system-settings-app-memory-leak.html
記事名	●macOS 13 Venturaでは刷新された「システム設定」アプリを起動すると各設定項目が一度に起動し、新しいVenturaスクリーンセーバを開くとメモリリークが起こるので注意を。

■刷新された「システム設定」アプリ

Apple が「macOS Ventura」で「SwiftUI」を用いて刷新した「システム設定」アプリは、「iOS/iPadOS」の「設定アプリ」に合わせたデザインです。

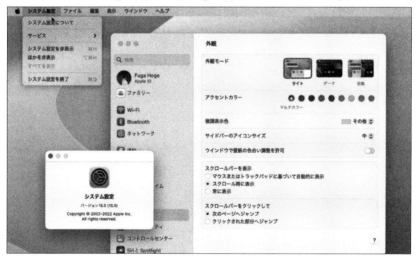

「macOS Ventura」のシステム設定アプリ

これからMacを使うiPhone/iPadユーザーには親しみやすい一方、既存のMacユーザーには少し不便になっていますが、この「システム設定」アプリは、UIの刷新に加えて、アプリを起動すると設定項目がすべてロードされる仕様になっているようです。

「macOS Ventura」の「システム設定」を起動すると、バックグラウンドで
起動する「プロセス」と「メモリリーク」

■「システム環境設定」と「システム設定」アプリ

「macOS Monterey」までの「システム環境設定」アプリでは、［一般］や［デス
クトップとスクリーンセーバ］などの各設定項目を開くと、その開いた設定項
目のプロセスが「システム環境設定」の一部として起動し、システムの設定がで
きます。

「macOS Monterey」の「システム環境設定」

ところが、「macOS Ventura」の「システム設定アプリ」では、新たに追加された「サイドバー」に表示されている Apple ID や［一般］［ディスプレイ］［外見］［スクリーンセーバ］［Touch ID］などの、各設定項目が一度にロードされるようになっているようです。

「macOS Ventura」の「システム設定」アプリを起動すると、バックグラウンドで
起動する「設定項目」

＊

各設定項目は、「メモリ使用率」が最大でも十数MBなので、これだけでは特に問題にはならないと思われます。

しかし、「macOS Ventura」にアップグレードした1台のMacで「メモリ使用率」が十数GBに達するMacがあったため調べていたところ、「macOS」では、新たに追加された、3Dデータを利用して花の中を漂うようなスクリーンセーバの「Ventura」をプレビューすると、「メモリリーク」が発生するようです。

試してみたところ「Venturaスクリーンセーバ」を1回プレビューするだけで、約2GBのメモリが使用されました。

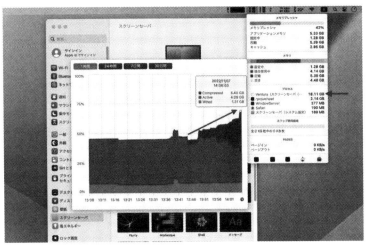

「macOS Ventura」の「Ventura スクリーンセーバ」をプレビューすることで
発生するメモリリーク

「システム設定」アプリの各設定項目は、「システム設定アプリ」を閉じると、
それと同時に終了します。

一方、「Venturaスクリーンセーバ」（システム設定）の「メモリリーク」は、「シ
ステム設定」アプリを閉じても開放されない場合※もあるので、すでに「Ventura」
にアップグレードした方は、「システム設定」アプリの使用には注意したほうが
よさそうです。

「システム設定」アプリを開くたびに増えていく、「スクリーンセーバプロセス」

※「システム設定」アプリを開くたびに「スクリーンセーバ」などのプロセスが増えてゆくため、メモリ容量が8GB（ユニファイドメモリ）しかない「Apple M1/M2チップ」のベースモデルを利用している方は注意してください。

■「macOS Monterey」で発生していた「メモリリーク」

　ちなみに、リリース直後のmacOSでの「メモリリーク問題」は、過去にも確認されています。

　2021年10月にリリースされた「macOS Monterey」でも、「Monterey」で新たに追加された「マウスポインタ」のサイズやカラーを変更するアクセシビリティ機能を利用して、マウスカーソルの形がIDEのエリアによって「I-Beam」（iBeam）や「Hand」（pointingHand）、「矢印」（arrow）に変化すると「メモリリーク」が発生していたので、今回も前回同様のAppleの修正を待つしかないようです。

「Vscode」と「Sublime Text」で発生している「メモリリーク」

8-4 アプリのアイコンが表示されない

「macOS Ventura」では、「macOS Catalina」と同じく「カスタムアイコン」を使うアプリを「デフォルトアプリ」に設定すると、アイコンが表示されなくなる不具合が確認されています。

筆　者	●AAPL Ch.運営者
記事URL	●https://applech2.com/archives/20221114-macos-13-ventura-custom-icons-render-issue.html
記事名	●macOS 13 Venturaでは macOS.15 Catalinaと同じくカスタムアイコンを使用するアプリをデフォルトアプリに設定するとアイコンが表示されなくなる不具合が確認されているので注意を。

■「カスタムアイコン」が表示されない

「IINA」や「Keka」などのオープンソースプロジェクトによると、「Ventura」では「カスタムアイコン」がレンダリングされない不具合が確認されています。

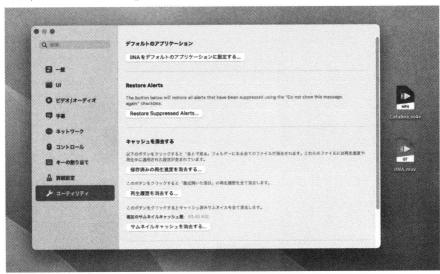

「.mov」や「.m4v」のデフォルトアプリを「IINA」に変更すると、
「カスタムアイコン」が表示される

macOSでは、ファイルを開く「デフォルトアプリ」を変更し、その「デフォルトアプリ」の特定の拡張子に対して「カスタムアイコン」を用意しておくと、

「Finder」や「Dock」「Spotlight」検索などに「カスタムアイコン」が反映されます。

　しかし、「macOS Ventura」では「Dock」や「タイトルバー」など、特定のエリアで、この「カスタムアイコン」がレンダリングされない不具合が確認されているそうです。

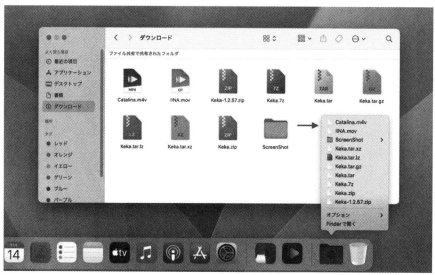

「macOS Ventura」で表示されなくなったカスタムアイコン

＊

　この不具合は「IINA」や「Keka」だけでなく、「カスタムアイコン」（NSWorkspace iconForFile API）を使うすべてのアプリに影響しますが、Appleは「カスタムアイコン」を重要視していないのか、同様の不具合は2019年にリリースされた「macOS Catalina」でも発生しています。

　その際には「Catalina」では修正されず、翌年にリリースされた「macOS Big Sur」まで「カスタムアイコン」が表示されなかったので、「Keka」を開発しているaONe氏は、

> Appleにバグレポートを送ったものの、今回の不具合もmacOS以降になるかもしれない

とコメントしています。

Icon issue on macOS 10.15 Catalina

☞ *This seems will never be fixed in Catalina. Big Sur has this fixed anyway.*

Icon issue on macOS 10.15 Catalina #453 – GitHub

第**9**章

ステージマネージャの不具合

「iPad」の「ステージマネージャ」はスムーズに動作
し、とても使いやすいのですが、「Mac」の「ステージ
マネージャ」は決定的な欠点が2つあります。

筆　者	●新保一哉
記事URL	●https://www.sin-space.com/entry/stagemanager-ipad-mac
記事名	●iPad / Mac ステージマネージャでアプリ切り替えが爆速も欠点も【使い方】

9-1　「Dock」が「ステージマネージャ」に埋もれる

　「macOS Ventura」には、従来のバージョンと同じように画面下に「Dock」が
あって、よく使うアプリを常駐させておくことができます。

画面下の「Dock」

　この「Dock」は、左や右に配置できますが、左に配置するとデスクトップ上に
あるファイルやフォルダが「ステージマネージャ」の下敷きになってしまいます。

　右に「Dock」を配置した場合はアイコンが左にズレてくれるので問題ないですが、左に「Dock」を配置すると「ステージマネージャ」のサムネイルとデスクトップにあるファイルが重なってしまいます。

右に配置すれば問題ないが、左に配置するとアイコンが埋もれる

　おそらくアップデートで改善はされるとは思いますが、ちゃんとチェックしたのか心配になるレベルです。

9-2　「Finder」がアプリを跨いで使いにくい（解決方法）

　ブログを書くときに「Illustrator」や「Photoshop」で画像データを作りながら
ブログエディタに画像を入れたりしますが、普通の使い方だと「ステージマネー
ジャ」はアプリごとで画面が切り替わり、「Finder」を跨いで使えないので凄く
ややこしくなります。

　「Safari + Finder」の組み合わせの枠を作ればブログエディタに画像をドラッ
グ＆ドロップでアップロード可能ですが、「Illustrator」の枠に移動すると
「Finder」にアクセスできなくなります。

＊

　解決策としては「Finder」の［オプション］から［すべてのデスクトップ］に
チェックを入れます。

［すべてのデスクトップ］にチェックを入れる

　この設定にすると、アプリを「ステージマネージャ」上で切り替えても常に
「Finder」が表示される状態となり、「Photoshop」や「Illustrator」「Safari」に切
り替えてもドラッグ＆ドロップでデータの移動が簡単にできるようになります。

　ただし、この方法でも基本的に「Mac」の「ステージマネージャ」は、「一つの
アプリ＋Finder」という構成になってしまいます。

　複数のアプリを同時に使うのにはあまり適していないので、使いにくいです。

　使おうと思えば「ステージマネージャ」で作業できますが、ややこしいです。

　普通に作業するなら、最初からウィンドウを並べておける「通常モード」の
「Mission Control」のほうが作業効率は上です。

　「ステージマネージャ」は、アプリ間でデータ移動のないシンプルな使い方の
ときに役に立つ機能となっています。

通常モード

第10章

スリープ機能の不具合

前OSの「Monterey」以降、macOSの「スリープ」関連の不具合が多くなり、「Ventura」でもそういった話を多く聞きます。

というわけで、本章ではそういった問題を私なりに解決した方法をご紹介します。

筆　者	●高田ゲンキ
記事URL	●https://genki-wifi.net/ventura_sleep_2
記事名	●macOS Venturaのスリープ問題を解決する方法【Sleep Expert｜Flutooth｜macOS Monterey｜Bluetooth】

10-1　スリープから勝手に復帰してしまう問題

■スリープ復帰トラブルの原因

スリープ中の「Mac」が勝手に復帰してしまう（スリープ解除して画面が点いてしまう）症状が、特に「Monterey」以降に頻発しています。

＊

これは、「Monterey」の1つ前のOSの「macOS Big Sur」までは、「システム環境設定」の「Bluetooth設定」に存在していた、「**Bluetoothデバイスでコンピュータのスリープ解除を可能にする**」オプションが廃止されたことが大きな原因です。

☑ Bluetoothデバイスでコンピュータのスリープ解除を可能にする
Bluetoothキーボード、マウス、またはトラックパッドを使用する場合、お使いのコンピュータがスリープ状態になったときは、キーボードの任意のキーを押すかマウスまたはトラックパッドをクリックすればコンピュータのスリープを解除できます。

OK

「Big Sur」までは、このようにBluetoothでの「スリープ解除可否」をオプションで選択できた

これは少し分かりにくいのですが、分かりやすくまとめると、

- ・以前のOS（「Big Sur」以前）では、スリープ中にBluetoothのマウスやキーボードを触ってもスリープ解除しないようにオプションで設定できた。
- ・しかし、「macOS Monterey」以降（「Ventura」も）その設定は廃止され、一律でBluetoothのマウスやキーボードを触るとスリープ解除する設定に強制的になってしまった。

ということになります。

　特に私が愛用しているLogicool製のマウスは、性能や機能は素晴らしい一方でこの点では非常に相性が悪く、触ってもないのに何かしらの信号を「Mac」に送ってしまうらしく、スリープ中の「Mac」が突然復帰して画面が煌々と点いてしまう症状に悩まされました。

■【解決法】「FluTooth」をインストールする

　私が見つけた解決法は、「FluTooth」という無料ソフトのインストールです。

　このソフトは、英語版だけということもあり、日本語での情報がまったくありません。
　英語で検索して見つけて、試しにインストールして使ってみたところ、私の環境では完全に解決しました。

　ちなみに、公式ページ（https://goodsnooze.gumroad.com/l/flutooth）の説明を見ると、

FluTooth is a simple Mac utility that turns off Bluetooth when you close your MacBook, and turns it back on when you open it again.

（意訳）「FluTooth」は、「MacBook」を閉じたときにはBluetoothをOFFにし、再び開いたときにはONにするためのシンプルなユーティリティ（補助）ソフトです。

とのこと。
　「MacBook」だけでなく、私の場合は「iMac」のスリープ問題もこれで解決しました。

＊

　では、手順を説明していきます。

手 順 「FluTooth」のインストール

[1]「FluTooth」をダウンロードする。

以下のページから「FluTooth」をダウンロードします。

FluTooth - Close MacBook, Turn off Bluetooth
https://goodsnooze.gumroad.com/l/flutooth

外部のページだと有料の場所もあるようですが、こちらの公式サイトだと無料で提供しています。

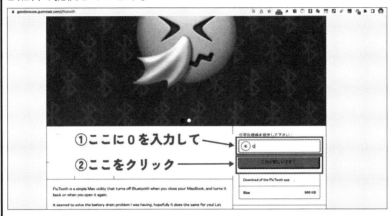

右上の欄に「0」を入力して「これが欲しいです！」をクリック

Eメールアドレスを入力して「手に入れる」をクリック

[2]「FluTooth」をインストールする。

インストールは、ダウンロードした「zipファイル」を解凍して、「FluTooth.app」というアイコンを「Mac」のアプリケーションフォルダにコピーするだけです。

[3]「FluTooth」を起動する。

「FluTooth」をダブルクリックで起動します。

最初だけダイアログが出ますが、[開く]を選択してください。

※もしダブルクリックで開けない場合は、右クリックから[開く]を選択してください

次図のように、メニューバーに「FluTooth」のアイコンが現われたら完了です。

「FluTooth」のアイコン(左端)が現われれば完了

10-2　一定時間で自動スリープにならない問題

　「macOS Ventura」で「Mac」を一定時間経つとスリープさせる方法は、以下の記事で書きましたが、この設定でも指定通りの時間になっても（というか、いつまで経っても）「Mac」がスリープしてくれない場合があります。

---

macOS Venturaの自動スリープ設定方法【システム設定｜ロック画面｜スクリーンセーバ】
https://genki-wifi.net/ventura_sleep_2

　この辺りの設定は、「Big Sur」以前のほうが優れていたし、痒いところに手が届いていたと思うのですが、改悪されてしまったものは仕方ないので何とかしよう……と、試行錯誤し、私なりに解決法を見つけました。

■【解決法】「Sleep Expert」をインストールする（有料）

　いろいろ試した結果、私の環境では「Sleep Expert」というアプリが効果的でした。

＊

　ただ、この「Sleep Expert」は無料でも使えますが、この一定時間で強制スリープさせる機能は有料版（2022年11月現在で320円）のみで使える機能です。
　その点を理解した上で参考にしていただけると嬉しいです。

手　順	「Sleep Expert」

[1]「Sleep Expert」をインストールする
　「Sleep Expert」は「App Store」から入手できます（インストールの時点では無料）

Sleep Expert
https://apps.apple.com/jp/app/sleep-expert/id1173339541?mt=12

---

[2]「Sleep Expert」を有料版にする。
　「強制自動スリープ」の機能を使うには有料版（320円）にする必要があります。

　まず、メニューバーに現われた「Sleep Expert」のアイコンをクリックし

て、いちばん下の [Services] から [Preferences…] を開きます。

[Services] から [Preferences…] を開く

　ここに強制スリープの時間を設定する項目がありますが、無料版だと鍵がかかっているので、この「鍵アイコン」をクリックします。

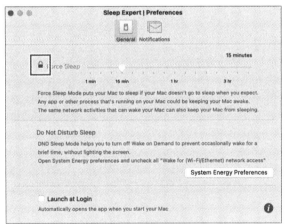

「鍵アイコン」をクリック

　すると、**次図のような画面が現われる**ので、右下の [Upgrade ¥320] をクリック。
　Apple ID経由で支払いをすると「有料版」になり、機能制限が解除されます。

[Upgrade ¥320] をクリック

[3] 「Sleep Expert」で「強制スリープ」の設定をする。

　「有料版」になると、[Force Sleep（強制スリープ）] が使えるようになるので、チェックを入れて、「自動スリープさせたい時間」を設定します

　ここで、たとえば「15分」と設定しておくと、「Mac」にまったく触らない状態が「15分」続くと、勝手に「Mac」がスリープするようになります。

[Force Sleep] で自動スリープさせたい時間を設定

＊

　以上、「macOS Ventura」（並びに「Monterey」）におけるスリープ関連の不具合の私の対処法をご紹介しました。

　この辺りは、使っているソフトによっても対処法が異なるので、必ずしもすべての人に合う方法ではないと思いますが、1つの解決法として参考にしていただければ嬉しいです。

第11章

日本語入力を快適にする

本章では、「Mac」でも「Windows」でも快適に入力作業ができる設定を紹介します。
　入力しやすいように設定を変更してストレスを減らし、効率よく作業できる環境を手に入れましょう。

筆　者	●グラント
記事URL	●https://grant-h.com/mac-windows-input-settings/
記事名	●【日本語入力が快適になる設定】MacとWindows両方使用する方向け

11-1　　　　　「Mac」を「Windows」に寄せる方法

　「Windows 10,11」では、[Caps Lock キー] を単体で押すと、「半角/全角」が切り替わります。
　「Mac」でこれをできるように設定し、[Control キー] と [Caps Lock キー] の位置を変更します。

■[Caps Lock] キーで「半角/全角」を切り替える

　上のメニューバー、アップルマークから [システム設定] を開いてください（「Dock」からでも OK です）。

「Mac」システム設定

サイドバーから[キーボード]を選択し、[入力ソース]の[編集]をクリック。

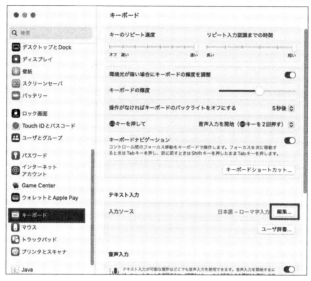

[キーボード]から[入力ソース]の[編集]をクリック

　サイドバーの[すべての入力ソース]を選択し、[Caps Lockキーで英字入力モードと切り替える]を「ON」。
「完了」をクリックしてウインドウを閉じます。

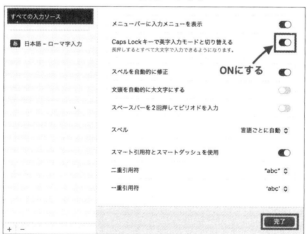

[Caps Lockキーで英字入力モードと切り替える]をオンにする

これで[Caps Lock キー]を押すと「半角/全角」が切り替わります。

＊

下に「長押しするとすべて大文字で入力できるようになります」とありますが、「Windows」と同様に、[Shift] + [Caps Lock]でも「大文字/小文字」の切り替えが可能です。

■[Caps Lock キー]と[Control キー]の位置を変更する(交換する)

「MacBook」のキーボードは、[Control キー]が「Windows」の[Caps Lock キー]と同じ位置にあります。

[Control キー]を[Caps Lock キー]に変更することで、「MacBook」と「Wiindows」でそれぞれ違和感なく「キー操作」ができます。

＊

先ほどと同様に、「システム設定」を開いてください。

「Mac」のシステム設定

サイドバーの[キーボード]を選択し、[キーボードショートカット]をクリック。

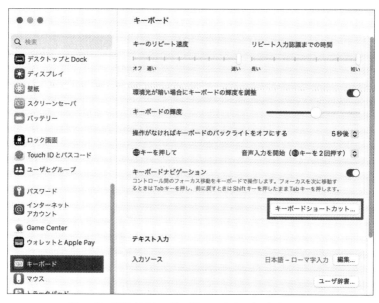

[キーボード]から[キーボードショートカット]をクリック

　サイドバーから[修飾キー]を選択し、[キーボードを選択]から[Apple内蔵のキーボード/トラックパッド]を選択(「MacBook」のキーボード)。

※外部キーボードを接続中の場合に選択可

[修飾キー]から、[Apple内蔵キーボード/トラックパッド]を選択する

*

単純に入れ替える場合は、[Caps Lock キー] → [Control]に、[Control キー]
→ [Caps Lock]に入れ替え、「完了」をクリックしてウインドウを閉じます。

[Caps Lack キー]を[Control キー]に、[Control キー]を[Caps Lack キー]に変更する

こうすることで「Windows」の[Caps Lock キー]と同じ位置で、同じキー操作
が可能になります。

11-2 「Windows」を「Mac」に寄せる方法

「Mac」はスペースキー横の**[英数キー]を押すと半角**に、**[かなキー]を押すと
全角**になります。

これを「Windows」で同じ位置にある[無変換キー]と[変換キー]にそれぞれ
同じ動きをするように設定します。

■[キーとタッチのカスタマイズ]を開く

右下の「あ」または「A」を右クリックしてください。

[A]を右クリック

「設定」をクリックしましょう。

IME設定へ

[キーとタッチのカスタマイズ]を選択してください。

「Microsoft IME」のオプション画面

■「無変換キー/変換キー」の設定

「各キーに好みの機能を割り当てる」を「オン」にしましょう。

その下、「無変換キー」を「IME-オフ」にしてください。

[無変換キー] を [IME-オフ] に

その下の [変換キー] を [IME-オン] にします。

[変換キー] を [IME-オン] に

これで、[無変換キーが]「Mac」の[英数キー](半角)と、[変換キー]が「Mac」

の[かなキー](全角)と同じになります。

Column　「再変換」「カタカナ変換」「変換」について

[変換キー]での「再変換」について

　上記の設定をすると、[変換キー]を使っての再変換ができなくなるので、他のショートカットキーを使って再変換することになります。

(「Mac」のように2回押下で再変換できれば最高なのですが)

> 例：[Windows キー] + [/ キー]

[無変換キー]での「カタカナ変換」について

　[無変換キー]での「カタカナ変換」は、設定を変更しても可能です。

　「Mac」と「Windows」で共通の操作をするなら、[F7 キー]でカタカナに変換できます。

[変換キー]での「変換」について

　[変換キー]での「変換」も可能ですが、「Windows」は「Mac」と同様に[スペースキー]で変換ができるので、「スペースキー」での変換に慣れることをお勧めします。

　普段から[変換キー]で再変換していた方は使いづらいでしょう。

　その場合は、[変換キー]での切り替えは諦めて、[無変換キー]でIMEの「オン/オフ」を切り替えるなど、いろいろ試してみてください。

11-3 日本語入力のクセを揃える -「Mac」を「Windows」風にする-

個人的には「Windows」を「Mac」風にしたいのですが、今のところできないようなので、「Mac」の入力を「Windows」風にする設定に変えてみましょう。

手 順 「Mac」の入力を「Windows」風にする

[1] [システム設定]を開きましょう。

「Mac」システム設定

[2] サイドバーから[キーボード]を選択して、[編集]をクリック。

[キーボード]から[入力ソース]内の[編集]をクリック

[3] サイドバーから[日本語]を選択し、[ライブ変換]のチェックを外します。

[4] そして[Windows風のキー操作]にチェックを入れて、「完了」をクリックしてウインドウを閉じます。

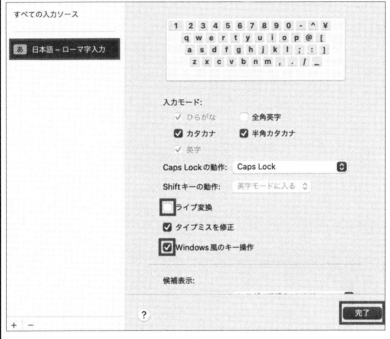

[Windows風のキー操作]にチェックを入れる

　これで、日本語入力時のキー操作は「Windows」とほぼ同じになります。

＊

　個人的には、「ライブ変換」は便利なので、チェックを入れています。
（「Windows」で日本語入力をしていると、変換せずに[Enterキー]を押してしまいがちですが……）

11-4 「Windows/Mac」両対応キーボードに替える

私は以前、「Windows」と「Mac」でそれぞれキーボードを用意して、物理的に入れ替えて使っていました。

「Windows用のキーボードでMac」「Mac用のキーボードでWindows」を操作することはできますが、操作性が悪いので、2つのキーボードで対応していたのです。

とはいえ、単純に面倒だったので、**1台のキーボードで両方使えるものを探**して、それを使うようになりました。

＊

最初は「iClever」の「無線キーボード」と「マウス」を、「切り替えスイッチ」を使って、「Windows/Mac」兼用で使っていました。

現在は、ロジクールの「MX KEYS」と「MX ERGO」のセットで作業しています。

「MXシリーズ」のように「logicool FLOW」に対応していると、「Windows」⇔「Mac」間のシームレスな切り替えができて非常に便利です。

＊

両対応キーボードは下記の設定をすることで、「Windowsの[Ctrlキー]」と「Macの[Commandキー]」の位置を同じにすることが可能です。

[Ctrlキー]と[Commandキー]の位置を同じにすると、よく使う[Ctrl] + [C]や、[Ctrl] + [V]などが同じキー操作でできます。

> ※以下では「Wireless Receiver」(無線キーボード)を例に記述しています。

■「Windows」の[Ctrlキー]と「Mac」の[Commandキー]の位置を同じにする方法

手　順	「Windows」の[Ctrlキー]と「Mac」の[Commandキー]の位置を同じにする

[1] 先ほどと同様に、[システム設定]を開いてください。

「Mac」の[システム設定]

[2] サイドバーの「キーボード」を選択して、[キーボードショートカット]
をクリック。

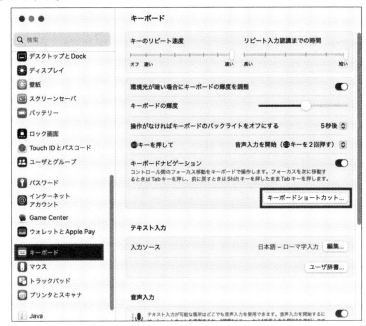

[キーボードショートカット]をクリックします

[3] サイドバーの [修飾キー] を選択して、[キーボードを選択] から [使用中の両対応キーボード] を選択。

　[Control キー] を [Command] に、[Command キー] を [Control] に替えて、「完了」をクリックしてウインドウを閉じます。

[修飾キー] から設定したい「キーボード」を選択して、各種項目を変更する

*

　兼用キーボードは、「Mac では使わないけど、Windows では必要」、または「Windows では使わないけど、Mac では必要」なキーがあるので、"ゴチャッ" とした印象があります。

　しかし、同じキー操作で同じことができるメリットのほうが大きいです。

第**12**章

古い「Mac」に「Ventura」を入れる

> 本章では、「macOS Ventura」非対応の古い機種の「Mac」に、「macOS Ventura」をインストールする方法を解説します。

筆　者	●今浦大雅
記事URL	●https://www.taikun-room.com/2022/10/how-to-install-macos-ventura-on-unsupported-mac.html
記事名	●【完全ガイド】macOS Ventura に非対応の古い Mac に Ventura をインストールする方法【OpenCore Legacy Patcher / OCLP】

12-1　はじめに

　この章を最初から順番に読んでいくとインストールできるようになっているので、**指示がない限り飛ばさずに読んでください。**

　また、「macOS Ventura」をインストールする前に、この動画を見て、おおまかな流れを把握してからインストール作業を始めることをお勧めします。

macOS Ventura に非対応の古い Mac に Ventura をインストールする方法
【OpenCore Legacy Patcher / OCLP】
https://youtu.be/SZTZ1E3GrQs

■難易度

　★5つを最高難易度とすれば、今回の難易度は★3つで、「中～上級者向き」です。
　インストールまでの手順は(この記事をしっかり読んでいれば)比較的簡単にできるのですが、データが消えるリスクや、手順を間違えてOSが起動しなくなってしまった場合などに、自力で解決できる力が求められます。

とはいえ、この記事の手順通りに行動すれば、そのようなことが起きる可能性は低いので、★3としました。

＊

必要な知識とスキルは、「Mac」のOSが起動しなくなった場合にリカバリする力です。

また、必須ではありませんが、中学校レベルの英語力があるとトラブルシューティングのときに役立ちます。

＊

なお、インストールは**自己責任**のもとで行なうようにしてください。

このインストールが原因で「Mac」が壊れてしまったとしても、私が責任を負うことはありません。

■「OpenCore Legacy Patcher」とは

今回は、「OpenCore Legacy Patcher」（以下、「OCLP」）というツールを使ってインストールします。

「OCLP」とは、「Hackintosh」（「Mac」以外のハードウェアに「macOS」をインストールする行為）でよく用いられる「OpenCore」というブートローダと、古い「Mac」で新しい「macOS」を正常に動作させるための「パッチセット」が含まれたツールです。

基本的には、ほとんどのパッチ作業は自動で行なわれるため、一部の「Mac」を除き、難しいコマンドを入力する作業はまったくありません。

■対応機種

Appleによれば、「macOS Ventura」に対応した「Mac」は以下のようになっています。

・MacBook 2017	・iMac 2017以降
・MacBook Air 2018以降	・iMac Pro 2017
・MacBook Pro 2017以降	・Mac mini 2018以降
・Mac Pro 2019以降	・Mac Studio 2022

「OCLP」で「macOS Ventura」をインストールできる「Mac」は、上記「Mac」よ

りも古く、以下の条件を満たした「Mac」です。

・64ビットCPUと64ビットファームウェアを搭載
・「OS X 10.9」～「macOS 13」がインストール済み

*

また、「Metal」対応GPU搭載の「Mac」(以下)にインストールすることがお勧めです。

最近の「macOS」では、Metalを使った描画が多く、それらに非対応の「Mac」ではうまく表示できない、動かない(Metalを使ったアプリがクラッシュするなど)ことが多く、ストレスになってしまうでしょう。

Metal対応GPUを搭載した「Mac」は以下のようになっています。

・MacBook Early 2015以降
・MacBook Air Mid 2012以降
・MacBook Pro Mid 2012以降
・iMac Late 2012以降(Metal対応GPUに交換したiMac Late 2009 / Mid 2010 / Mid 2011)
・Mac mini Late 2012以降
・Mac Pro Late 2013以降(Metal対応GPUに交換したMac Pro Early 2008 / Early 2009 / Mid 2010 / Mid 2012)
・Metal対応GPUに交換したXserve Early 2008 / Early 2009

Metal対応GPUは、以下のようになっています。

・Intel HD Graphics 4000以降
・NVIDIA Kepler (GTX 600シリーズなど)以降
・AMD GCN (Radeon HD 7000シリーズなど)以降

ちなみに、「EFIフラッシュ」をしていない(起動画面などを表示できない)GPUに交換したiMac、Mac Pro、Xserveでも「macOS Ventura」をインストール可能です。

また、HDDではなく、SSDにインストールすることをお勧めします。
HDDが搭載された古い「Mac」をお持ちの方は、SSDにアップグレードすることを強くお勧めします。

■できること

「OCLP」を使ってインストールした「Mac」では、以下の機能が利用可能です。
・ネイティブOTAアップデート（システム設定からmacOSのアップデート可能）
・一部Wi-Fiカード（BCM943224以降のカード）搭載「Mac」でのWPA Wi-Fiと
パーソナルホットスポット機能のフルサポート
・システム整合性保護、FileVault 2、.im4mセキュアブート・暗号化*
・「macOS Ventura」のリカバリOS、セーフモード、シングルユーザーモードの起動
・FeatureUnlock機能による「AirPlay to Mac」、「Sidecar」などの利用*
（「macOS Ventura」対応かつこれらの機能に非対応のネイティブ「Mac」でも利
用可能**）
・非純正ハードウェアにおけるSATAとNVMeの電源管理の強化
・APFS ROMのようなファームウェアパッチなしのインストール
・Metal対応GPUにおけるグラフィックスアクセラレーション

> * 一部利用できない「Mac」もあります。
> ** 「macOS Ventura」対応「Mac」にOCLPをインストールすることで利用可能と
> なります。

■インストールの流れ

「macOS Ventura」をインストールするときの流れは以下の通りです。
(1) 事前準備
(2) OCLPのダウンロード
(3) OpenCoreのインストール
(4) OpenCore経由で「Mac」を起動する
(5) 「macOS Ventura」のダウンロード・インストーラの作成
(6) インストーラから起動する
(7) 「macOS Ventura」をインストールする

　インターネットやディスクの速度などにより変わりますが、スムーズに行け
ば3〜5時間ほどでインストールできると思います。

＊

　すべての作業は、「macOS Ventura」をインストールする「Mac」本体で行な
います。
　それでは、順を追って解説していきましょう。

12-2 事前準備

■「Mac」のデータをバックアップする

「macOS Ventura」(以下、「Ventura」)をインストールする前に、必要なデータを必ずバックアップしておきましょう。

非公式な方法で無理にインストールするため、データが消えるリスクは非常に高いです。

■用意するもの

「Ventura」をインストールするにあたり、用意するものは以下の通りです。

・「Ventura」をインストールする「Mac」
・インターネット回線
・中身が消えてもいい16GB以上のUSBメモリ

「Ventura」に対応した「Mac」は必要ありません。

注意としては、Bluetoothキーボードやマウスは作業中、一部使えない場面があります。

そのため、有線接続のキーボードやマウスを用意してください。

■USBメモリの準備

「Ventura」のインストールに使うUSBメモリのフォーマットを行ないます。

「ディスクユーティリティ」を開き、USBメモリを以下の設定でフォーマットしてください。

名前：「USB」などの短くて分かりやすいもの
(何でもいい。後で自動的に名前が変更されます)
フォーマット：mac OS拡張(ジャーナリング)
方式：GUIDパーティションマップ

その後、「消去」をクリックします。

> ※「消去」をクリックすると、USBメモリ内のデータがすべて消去されます。

消去が完了したら、USBメモリの準備は完了です。
USBメモリはこのまま接続しておいてください。

■「Mac」のファームウェアを最新にアップデートする

　「Ventura」をインストールする前に、「Mac」のファームウェアが最新かどうかチェックしましょう。

　ファームウェアが古いと、「Ventura」のインストールに**失敗する**可能性があります。

　ファームウェアが最新か確認するには、「SilentKnight」をダウンロードして、実行し、「Need to update EFI firmware.」という表記があるかどうかを見ます。

　この表記があれば、ファームウェアが古いため、アップデートする必要があります。

　「EFI firmware appears up to date.」という表記であれば、ファームウェアが最新のため、次のセクションへ進んでください。

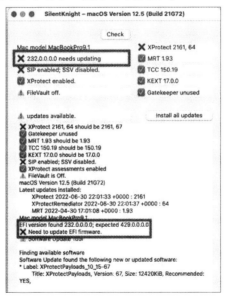

「ファームウェア」が最新かチェック

「SilentKnight」のダウンロードサイト
https://eclecticlight.co/lockrattler-systhist/

*

　ファームウェアをアップデートするには、何度か「NVRAMリセット」を行なったあと、その「Mac」がインストールできる最新のバージョンまでアップデートします。

　すでに「OCLP」を使ってそれよりも新しいバージョンを実行している場合は、別のドライブ、またはボリュームに、「OpenCore」を経由せずにインストール、アップデートしてください。
　たとえば、「MacBook Pro」(Mid 2012)の場合、最新バージョンは「macOS 10.15.7」なので、そのバージョンまでアップデートします。
　その後、もう一度アップデートを確認し、インストールできるアップデートがないことを確認します(「セキュリティアップデート」がある場合は、それもインストール)。

　アップデート中、どこかのタイミングでビープ音が鳴れば、ファームウェアがアップデートされます(2012年の一部の「Mac」や、2013年以降の「Mac」ではビープ音が鳴らないので、アップデート後に「SilentKnight」で確認してください)。

　ファームウェアをアップデートする際に、かなり古いバージョンの「macOS」(「OS X Mavericks」)など)がインストールされている場合には、最新バージョンにする前に、間のバージョンをいくつか挟まなければインストールできない場合があります。

*

　ファームウェアが最新になったことを確認したら、次のステップに進みます。

■任意：現在のOSのインストーラを作る

「Ventura」のインストール後に元のOSに戻したくなったときや、「Ventura」のインストールに失敗したときなどに備えて、**現在インストールしているOSのインストーラ**を作っておくことをお勧めします。

この作業を行なう場合は、先ほど用意したUSBメモリに加え、もう一本16GB以上のUSBメモリが必要です。

> ※1本の32GB以上のUSBメモリをパーティションで分けることも可能ですが、詳細は割愛します。

*

最初に、現在使用中のOSをダウンロードする必要があります。

ダウンロードしたら、用意したUSBメモリにインストーラを作ってください。

作ったUSBメモリは「Ventura」のインストールでは使わないので、元のOSに戻すときまではしまっておいてください。

> ※私のブログの以下の記事でも、ダウンロード方法を紹介しています。
> 【Apple 公式の方法】今から macOS Monterey をダウンロードする方法
> https://www.taikun-room.com/2022/10/how-to-download-monterey.html
> 【Apple 公式の方法】今から macOS Big Sur をダウンロードする方法
> https://www.taikun-room.com/2021/12/how-to-download-big-sur.html
> 【Apple 公式の方法】今から macOS Catalina をダウンロードする方法
> https://www.taikun-room.com/2020/11/how-to-download-catalina.html
> 【Apple 公式の方法】今から macOS Mojave をダウンロードする方法
> https://www.taikun-room.com/2019/12/how-to-download-mojave.html

これよりも古いバージョンは、以下のAppleの記事からダウンロードできます。

> macOS をダウンロードする方法
> https://support.apple.com/ja-jp/HT211683

*

これで準備は整いました。

12-3 「OCLP」のセットアップ

■「OCLP」をダウンロードする

まずは、以下から「OCLP」の最新版をダウンロードします。

OpenCore-Legacy-Patcher
https://github.com/dortania/OpenCore-Legacy-Patcher/releases/latest

アクセスすると、少し下に「OpenCore-Patcher-GUI.app.zip」という表記があるので、そこをクリックするとダウンロードできます。

ダウンロードしたら（必要に応じてZipファイルを解凍して）、「OpenCore-Patcher」アプリ（以下、「OCLP App」）を開きます。

■「OpenCore」をインストールする

手 順 「OpenCore」のインストール

[1]「OCLP App」を開くと、このような画面が表示されます。

この方法で「Ventura」を実行するには、「OpenCore」が必要なので、[Build and Install OpenCore]をクリックして「OpenCore」をインストールしましょう。

[Build and Install OpenCore] をクリック

[2]「OpenCore」のビルドが終わると、このようなウィンドウが表示されるので、[Install to disk] をクリックして、ディスクに「OpenCore」をインストール。

[Install to disk] をクリック

[3] 次に、「OpenCore」をインストールするディスクを選択します。

特に理由がなければ、メインで使う内蔵ディスクへのインストールをお勧めします。

目的のディスクが表示されない場合は、[Search for Disks Again] をクリックしてディスク情報を更新することで表示される可能性があります。

また、過去に「OCLP」を使っていて、現在も「OpenCore」から起動している場合、現在起動中のディスクが水色で表示されるので、それを選ぶことで、すでにインストールされている「OpenCore」をアップデートできます。

「OpenCore」をインストールするディスクを選択

[4]「OpenCore」をインストールする「EFIパーティション」を選択します。
通常、1つだけしか表示されないはずなので、それを選択してください。

「EFIパーティション」を選択

[5]「EFIパーティション」をマウントするために、「管理者パスワード」を
入力します。
　次図右の表示が出れば「OpenCore」のインストールは完了です。

「管理者パスワード」を入力(左)して、インストール完了(右)

[6] しかし、「OpenCore」をインストールしただけでは、まだ「Ventura」を実行することはできないので、次は、「Mac」を「OpenCore」経由で起動する必要があります。

「Reboot」をクリックして、「Mac」を再起動します。

＊

すでに「OpenCore」から起動していて、アップデートした場合は次のセクションを飛ばし、「『Ventura』を準備する」セクションに進んでください。

■「OpenCore」経由で「Mac」を起動する

手 順 「OpenCore」経由で「Mac」を起動

[1] 「Mac」を再起動するときに、[Option キー] を押しっぱなしにしておき、「スタートアップマネージャ」(起動ディスク選択画面) を起動させます。

> ※「EFI フラッシュ」していないGPUに交換した「iMac」「Mac Pro」「Xserve」の場合は、起動画面やスタートアップマネージャなどを表示することができないため、別の方法を使って、「OpenCore」経由で起動させる必要があります。
> 「『OpenCore』経由で『Mac』を起動する (GPU 換装済み『Mac』向け)」セクションを参照。

[2] 「スタートアップマネージャ」が起動したら [Option キー] を離します。

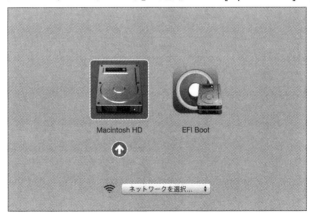

スタートアップマネージャ

[3]「OCLP」のアイコンが表示されている「EFI Boot」を選んだら、[Control
キー] を押しながら [Return キー] を押し、「OpenCore」から起動します。

> ※「起動ディスク」を選ぶ際に、[Control キー] を押している間は、「上矢印」が「回
> 転矢印」に変わり、この状態で起動することで、**選択した起動ディスクを規定の
> 起動ディスクに設定**できます。
> 　そのため、次回起動時には、ここで設定した「起動ディスク」から起動するよ
> うになります。
> 　この機能は「OpenCore」の「ブートピッカー」でも利用可能です。

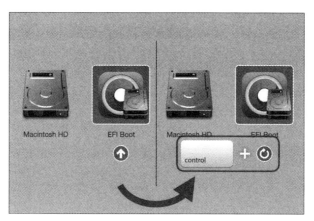

「OpenCore」から起動

[4] すると、「OpenCore」の「ブートピッカー」(「スタートアップマネージャ」
のようなもの) が表示されるので、5秒間待つか、起動ディスクを選び、
[Return キー] を押します。

ブートピッカー

＊

これで、「OpenCore」を経由してmacOSを起動させることができました。

以後(起動ディスクを変更しない限り)、「Mac」の起動時に自動で「OpenCore」経由で起動するようになるため、この操作を繰り返す必要はありません。

＊

「OpenCore」経由で起動できたら、次は「Ventura」をダウンロードし、インストーラを作ります。

■「OpenCore」経由で「Mac」を起動する(GPU換装済み「Mac」向け)

「EFIフラッシュ」していないGPUに交換した「Mac」の場合、起動画面が表示されず、[Optionキー]を押しながら起動しても、「スタートアップマネージャ」が起動しません。

そのため、通常とは別の方法を使って「Mac」を「OpenCore」経由で起動させます。

＊

この作業を始める前に、「SIP」(システム整合性保護)を無効にする必要があります。

手 順　「SIP」を無効にする

---

[1] [Command] + [R] を押しながら「Mac」を起動し、「macOSユーティリティ」が起動するのを祈りながら待ちます。

[2] 無事に「macOSユーティリティ」が起動したら、メニューバーの「ユーティリティ」内にある「ターミナル」をクリックして、ターミナルを起動します。

[3] 「csrutil disable」と入力して、「SIP」を無効にします。

[4] 「Mac」を再起動します。

＊

「Mac」が起動したら、次は「OpenCore」がインストールされた「EFIボリューム」をマウントします。

他の「EFIボリューム」がマウントされている場合はそれらを先にアンマウントしておいてください。

手順　「EFIボリューム」をマウント

[1] ターミナルを開き、次のコマンドを入力します。

```
sudo diskutil mount diskXs1
```

「X」はディスク番号です。

「ディスクユーティリティ」で、「OpenCore」が入っているディスク番号（「装置」のところ）を確認したものを入れてください。

「内蔵ディスク」の場合はほとんど「disk0s1」のはずですが、複数のディスクを接続している場合は違うことがあります。

[2] 「EFIボリューム」がマウントされたら、次は起動ディスクを「OpenCore」に設定します。

ターミナルで、次のコマンドを入力します。

```
sudo bless --verbose --file /Volumes/EFI/EFI/OC/OpenCore.
efi --folder /Volumes/EFI/EFI/OC --setBoot
```

その後、「Mac」を再起動すると、「OpenCore」の「ブートピッカー」および「macOS」の起動画面が表示されるようになり、「OpenCore」を経由して「macOS」を起動させることができました。

*

システム設定などで起動ディスクを変更した場合は、もう一度この操作を繰り返す必要があります。

「SIP」は「OpenCore」が管理するようになるので、有効に戻す必要はありません。

*

「OpenCore」経由で起動できたら、次は「Ventura」をダウンロードし、インストーラを作ります。

12-4 「Ventura」を準備する

■「Ventura」をダウンロードする

手 順 「Ventura」のダウンロード

[1] 「Ventura」のダウンロードとインストーラの作成をするために、「OCLP App」を開き、[Create macOS Installer] をクリックします（**次図左**）。

次図右の画面が表示されたら、[Download macOS Installer] をクリックします。

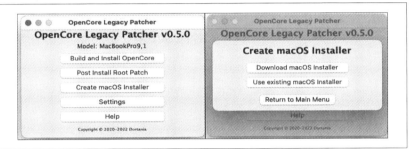

[Create macOS Installer] をクリックし(左)、[Download macOS Installer] をクリック(右)

[2] 現在ダウンロード可能なインストーラが表示されるので、[macOS 13.X (XXXXX - XX.X GB)] と書かれたものをクリックします。

※特に理由がなければ、バージョンはできるだけ新しいものをインストールするのがお勧めです。

[macOS 13.X (XXXXX - XX.X GB)] と書かれたものをクリック

[3] 「Ventura」のダウンロードが始まります。

しばらく時間がかかるので、ダウンロードが終わるまでしばらく待ちましょう。

[4] 「Ventura」のダウンロードが終わると、ダウンロードしたインストーラを保存するために、「管理者パスワード」を入力します。

「管理者パスワード」を入力

[5] この画面になったら、ダウンロードしたインストーラが「アプリケーションフォルダ」に保存されたということです。

インストーラが「アプリケーションフォルダ」に保存された

*

次は「Flash Installer」をクリックして、インストーラをUSBメモリに書き込みます。

■「Ventura」のインストーラを作成する

手 順　インストーラの作成

[1]「アプリケーションフォルダ」に入っているインストーラが表示されているので、先ほどダウンロードした「Install macOS Ventura: 13.X (XXXXX)」を選択します。

「Install macOS Ventura: 13.X（XXXXX）」を選択

[2] 使用可能（フォーマット可能）なUSBメモリが表示されるので、使用するものを選択。

使用するUSBメモリを選択

[3] USBメモリのフォーマットとインストーラの作成をするために、「管理者パスワード」を入力します。

「管理者パスワード」を入力

[4] インストーラの作成が始まるので、完了するまで待ちます。

USBメモリの速度によっては30分以上かかる場合があります。

[5] インストーラの作成が完了したら、「OpenCore」をこのディスクにインストールするか聞かれるので、[Skip] をクリックしてスキップします。

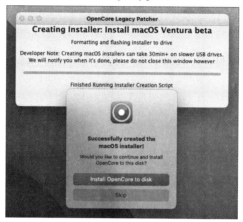

[Skip]をクリック

[6] インストーラの作成が完了しました。

[Return to Main Menu] をクリックしてメインメニューに戻ります。

[Return to Main Menu]をクリック

*

次はいよいよ「Ventura」のインストール作業に入ります。

> ※ここで作ったインストーラは、インストーラを作った「Mac」用に最適化されているため、他の「Mac」のインストールに使うことはできません。
>
> 他の「Mac」でもインストールする場合は、毎回インストーラを作り直す必要があります。

12-5　「Ventura」をインストールする

「Ventura」のインストーラから起動する

　「Mac」を再起動して「OpenCore」の「ブートピッカー」が表示されたら、[矢印キー] かマウスカーソルで [Install macOS Ventura] を選択し、[Return キー] を押すか、「上向き矢印」をクリックします。

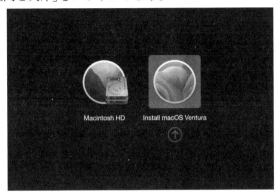

[Install macOS Ventura] を選び、[Return キー] を押すか、「上向き矢印」をクリック

　しばらくすると、macOS復旧が起動します。

macOS復旧が起動

　既存のデータを残してアップデートする場合は[macOS Ventura インストール]をダブルクリックします。

　既存のデータを消去してクリーンインストールする場合は、[ディスクユーティリティ]をダブルクリックして、「ディスク」ではなく「ボリューム」(SSDやHDDの名前ではなく「Macintosh HD」などの「APFSボリューム」)を消去してから[macOS Ventura インストール]をダブルクリックします。

> ※「ボリューム」ではなく「ディスク」を消去してしまうと、「OpenCore」がインストールされている「EFIボリューム」ごと消去されてしまうため、再起動後に「Mac」が起動しなくなってしまいます。
>
> 　そのため、必ず「ディスク」ではなく「ボリューム」を消去するようにしてください。

■「Ventura」をインストールする

　「Ventura」のインストール画面が表示されるので、[続ける]をクリックします。

[続ける]をクリック

　「macOS」のライセンスに同意して「続ける」をクリックしたあと、「Ventura」のインストール先を選択する画面が表示されるので、インストール先の「ディスク」をクリックして[続ける]をクリックします。

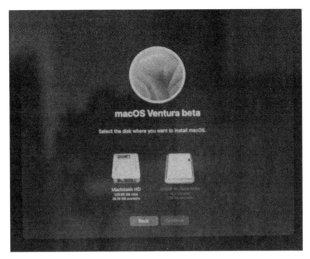

[続ける]をクリック

　インストールするための準備が始まります。

　準備が終わったら（おそらく「残り12分」のところで）「Mac」が再起動し、イ
ンストールが始まります。

　途中、何度か再起動しますが完全に終わるまでは何も触らないようにしてく
ださい。

＊

　準備が終わったら「Mac」が再起動しインストールが始まるはずですが、もし
も再起動後にインストールが始まらずにmacOS復旧が起動してしまった場合は、
手動で（左上のAppleロゴから）再起動したあと、「OpenCore」の「ブートピッ
カー」から「macOS Installer」を選択して起動してください。

　そうすることで、インストールが始まります。

＊

　インストールが終わり、「Mac」が無事に起動すると、アップグレードした場
合は「解析」の画面が、クリーンインストールした場合は「初期設定」の画面が表
示されます。

「解析」か「初期設定」の画面が表示される

　これで、インストール作業は完全に終了です。

　動作に必要なパッチはインストール完了時点で自動的にインストールされているため、パッチを当てる作業も不要です。お疲れ様でした。

　インストールに使ったUSBメモリはここで外してしまってかまいません。

＊

　最後に、ソフトのバージョンアップなどによって、本章で示した手順は変わることがあります。

　最新の情報が知りたい方は、章頭に記載した弊ブログの記事を確認してみてください。

筆者：今浦大雅
指定難病10「シャルコー・マリー・トゥース病」を患っている。
自身の得意分野である、Apple製品に関する情報ブログ「たいくんの部屋」や、
自身の知識・経験を生かした、身体障害者目線のレビュー記事・スマートホーム などに関するブログ「たいくんの生活」を運営している。

索 引

アルファベット順

157

■筆者名& URL

筆者名	Apple Predator
サイト名	「Apple Predator」
URL	https://poraggio.com/

筆者名	MQG
サイト名	「MQG / hide3929」
URL	https://hideshigelog.com/

筆者名	AAPL Ch.運営者
サイト名	「AAPL Ch.」
URL	https://applech2.com/

筆者名	K.K
サイト名	「ハジカラ」
URL	https://kk90info.com/

筆者名	S.Nakayama
サイト名	「自分でやります、はい。」
URL	https://doit-myself.com/

筆者名	新保 一哉
サイト名	「シンスペース」
URL	https://www.sin-space.com/

筆者名	高田ゲンキ
サイト名	「Genki Wi-Fi」
URL	https://genki-wifi.net/

筆者名	グラント
サイト名	「グラント」
URL	https://grant-h.com/

筆者名	今浦大雅
サイト名	「たいくんの部屋」
URL	https://www.taikun-room.com/

本書の内容に関するご質問は、
① 返信用の切手を同封した手紙
② 往復はがき
③ FAX (03) 5269-6031
　（返信先の FAX 番号を明記してください）
④ E-mail　editors@kohgakusha.co.jp
のいずれかで、工学社編集部あてにお願いします。
なお、電話によるお問い合わせはご遠慮ください。

サポートページは下記にあります。

［工学社サイト］
http://www.kohgakusha.co.jp/

I/O BOOKS

「macOS」の最新版「macOS Ventura」使いこなしガイド

2023年1月30日　初版発行　©2023

編　集　I/O 編集部
発行人　星　正明
発行所　株式会社工学社
〒160-0004 東京都新宿区四谷 4-28-20 2F
電話　　(03) 5269-2041 (代) [営業]
　　　　(03) 5269-6041 (代) [編集]
振替口座　00150-6-22510

※定価はカバーに表示してあります。

印刷：(株)エーヴィスシステムズ

ISBN978-4-7775-2235-4